高　等　学　校　教　材

普通高等教育一流本科专业建设成果教材

机械设计实验技术

谷晓妹　郭春芬　主编

Experimental Techniques of Mechanical Design

· 北京 ·

内 容 简 介

《机械设计实验技术》包括五个实验内容：机械零件认识、带传动的滑动与效率测定、液体动压滑动轴承性能、轴系结构分析与设计、减速器拆装与结构分析。实验项目包含认识性、验证性、设计创新性和综合性实验等类型。每个实验项目均由实验目的、实验设备、实验原理、实验步骤及实验报告等部分有机组成，任课教师可根据不同专业的需求选择书中所列实验项目。

本书可作为机械类及近机械类专业师生教学用书，也可供实验室工作人员参考学习。

图书在版编目（CIP）数据

机械设计实验技术/谷晓妹，郭春芬主编．—北京：化学工业出版社，2024.2

普通高等教育一流本科专业建设成果教材

ISBN 978-7-122-44844-6

Ⅰ.①机…　Ⅱ.①谷…②郭…　Ⅲ.①机械设计-实验-高等学校-教材　Ⅳ.①TH122-33

中国国家版本馆CIP数据核字（2024）第035058号

责任编辑：刘丽菲　　文字编辑：徐　秀　师明远

责任校对：李露洁　　装帧设计：张　辉

出版发行：化学工业出版社（北京市东城区青年湖南街13号　邮政编码100011）

印　　刷：三河市航远印刷有限公司

装　　订：三河市宇新装订厂

787mm×1092mm　1/16　印张5　字数100千字　2024年6月北京第1版第1次印刷

购书咨询：010-64518888　　售后服务：010-64518899

网　　址：http://www.cip.com.cn

凡购买本书，如有缺损质量问题，本社销售中心负责调换。

定　　价：19.80元

序

人才的培养要以专业和课程的建设为支撑，在国家“双万计划”建设背景下，做强一流本科、建设一流专业、培养一流人才，全面振兴本科教育，提高高校人才培养能力，实现高等教育内涵式发展，为高校的教育教学改革提供了机遇和挑战。

山东科技大学是一所工科优势突出，行业特色鲜明，工学、理学、管理学、文学、法学、经济学、艺术学等多学科相互渗透、协调发展的山东省重点建设应用基础型人才培养特色名校和高水平大学“冲一流”建设高校。学校紧密围绕国家、省重大战略和经济社会发展需求，结合办学定位、专业特色和服务面向，明确专业培养目标和建设重点，建立促进专业发展的长效机制，强化专业内涵建设，不断提高人才培养质量。学校紧紧把握机遇，全面启动了一流专业与课程的建设工作。目前，机械设计制造及其自动化、机械电子工程等 16 个国家级一流本科专业已通过工程教育认证。学校计划通过 3 年一流本科专业的建设，以专业认证促进专业高质量发展，落实“学生中心、目标导向、持续改进”理念，使其余国家级一流本科专业建设点专业全部通过教育部组织的专业认证，培养以“宽口径、厚基础、强能力、高素质”为特征的具有创新意识的人才。要培养具有创新意识的人才，实践教学所占的地位十分重要。众多发明创造都来自实验和实践。因此，营造一个较好的实验、实践环境，建立一套完善的实践体系，编写一套高质量的实验、实践教材是基本的保证。

按照一流专业建设的要求，学院组织了以实验中心教师为主、任课教师积极参与的教学团队，制订了一整套具有较强创新性的实验、实践教改方案。经过有关专家论证，结合一线教师的多年实践教学经验，组织编写了一套实验技术系列教材，包括《互换性与机械制造实验技术》《机械原理实验技术》《机械设计实验技术》《传感器与检测实验技术》。

该套教材主要特点如下：

（1）加强实践，注重学生动手能力培养；提高兴趣，培养学生创新能力。

（2）符合教学规律，实现了循序渐进，实验分为验证性实验、综合性实验、创新性实验和设计性实验 4 个层次。

（3）实现了内容的优化组合，突出了先进性和实用性。

（4）将数字化技术应用于教材中，增加了教材的直观性和生动性。

该套教材可以作为本校或者兄弟院校相同、相近专业学生的实验指导教材，也可以作为教师和工程技术人员的实验参考书。

张震

2023 年 06 月

前言

机械设计是机械及近机械类专业的专业基础课程。机械设计实验教学在课程的学习中起着十分重要的作用，是有效地学习科学技术与研究科学理论的途径。通过实验操作技能的训练，学生可达到增强实际操作能力，提高创新设计，以及观察、思考、提问、分析和解决问题的能力。

全书包括五个实验内容：机械零件认识、带传动的滑动与效率测定、液体动压滑动轴承性能、轴系结构分析与设计、减速器拆装与结构分析，实验项目包含认识性、验证性、设计创新性和综合性实验等类型。认识性和验证性实验能使学生进一步加深对理论知识的理解；设计创新性实验能使学生的分析和创新能力得到提高；综合性实验使学生可以由单一知识点向多章节知识点融会贯通。本书强调实验过程的自主性和以学生为中心的思想，实验项目由实验目的、实验设备、实验原理、实验步骤及实验报告等部分组成，便于不同需求的学生根据具体情况使用。

本书由山东科技大学机械电子工程学院实验教学中心组织编写，由谷晓妹、郭春芬任主编。在本书的编写过程中，万殿茂教授给予了热情指导，在此表示诚挚的谢意！

由于编者能力所限，书中难免存在不妥之处，恳请予以批评指正。

编者

2023. 12

目录

实验须知

（1）进入实验室要自觉遵守实验室的规章制度，并接受实验指导教师的指导。

（2）使用实验仪器设备时，要严格遵守操作规程，与本次实验无关的仪器设备不得乱动。

（3）学生在实验室内应保持安静有序，并自觉维护室内卫生。

（4）实验中有损坏仪器设备、桌椅板凳等情况，应立即向指导教师报告，以便及时处理。

（5）尊重实验室管理人员的职权，对不遵守操作规程又不听劝告者，实验室管理人员有权令其停止实验，对违规操作并造成事故者追究其责任。

（6）学生应严格执行实验室安全操作规程，违反安全操作规程造成他人或自身伤害者，由学生本人承担责任；丢失或损坏仪器设备、材料等，根据情节轻重予以批评教育，并赔偿；未经实验室管理人员许可，学生不得将实验仪器、工具等带出实验室。

（7）实验中要一丝不苟、认真观察，准确、客观地记录各种实验数据，并提高自身独立思考、科学分析和动手实践的能力。

（8）实验完毕须把电源插头拔下，仪器设备、工具、量具、模型等物品整理好，经指导教师允许后方可离开实验室。

（9）学生如须重做实验，或做规定外的实验项目，应预先报告指导教师，征得同意后方可实验，以免发生事故。

（10）学生应服从指导教师的安排，独立完成规定的实验内容，认真做好实验记录，独立完成实验报告，并按规定时间送交实验报告，不得抄袭他人的实验记录和实验报告。

绪论

0.1 机械设计实验课程要求

实验是机械设计课程的一部分，是整个教学体系中重要的教学内容之一。学生通过课程的学习与实践，能够达到以下要求：

（1）了解机械设计实验常用的实验装置和仪器设备的工作原理，掌握实验原理、实验方法，会使用实验装置和仪器进行实验，获取数据，并对数据进行分析和处理，得出实验结论。

（2）严格按照科学规律进行实验操作，遵守实验操作规程，实事求是，不弄虚作假。

（3）实验过程中仔细观察实验现象，能够对观察到的现象进行独立分析和解释。

（4）实验报告是展示和保存实验结果的依据，同时也能展示学生分析综合、抽象概括、判断推理、语言表达及数据计算处理的综合能力。因此，实验报告要独立、认真、规范撰写。

0.2 机械设计实验课程学习方法

（1）重视动手能力的培养，注重细节

机械设计实验是以学生操作为主的技术基础课程。在具体的实验过程中，需要使用多种仪器设备和工具，因此，要求学生具有较强的动手能力，培养操作使用各种仪器设备和工具的能力，注重细节，清楚各种工具的使用规范和注意事项。

（2）培养善于思考、总结、分析的能力

学习过程中学生应有意识地对实验过程和实验结果进行思考，实验原理是什么？为什么要安排这样的实验步骤？实验得到的数据与理论是否一致？什么原因导致的误差甚至实验失败？通过这样的思考可以很好地培养自己分析问题、解决问题的能力，得到实用性结论，提高自己的工程实践能力。

（3）注重理论知识的实践应用，培养创新精神

机械设计课程作为一门技术基础课程涉及多门理论课程的知识，特别是一些较复杂的综合设计型实验更是多门学科知识的有机结合，因此学习本门课程，在重视动手能力的同时，也要注意夯实自己的理论基础，将多门学科的知识有机融合，在理论指导下综合利用各种实验设备和仪器设计新的实验方案，提高自身创新能力。

（4）注重团队意识的培养

实验的过程中往往需要多人合作，各行其是会降低工作效率，甚至导致实验失败。因此多人合作要合理分工，齐心协力完成实验目标。

（5）构建系统化、结构化的思维闭环

实验教学在强化专业基础知识、培养创新能力和科研素质方面，对专业人才培养目标能够起到有力的支撑作用。对照工程教育专业认证标准，其中工程能力主要体现在解决复杂工程问题时所表现出来的对工程知识的综合运用和创新性思维，需要学生构建有效的思维模型框架，将所学的理论知识运用到实验项目中，将静态的知识精细化应用，实现知行合一，在实验中培养计划方案、实施方案、总结方案、评估方案、优化方案、再计划方案的闭环思维，以提高自主学习能力和自主创新能力。

实验1

机械零件认识

1.1 实验目的

通过观看机械设计陈列柜，了解通用机械零件、部件的基本结构功能，以及典型零部件的失效形式，建立对机械零部件的感性认识，了解机械传动的特点及应用，为机械设计课程的学习和未来机械设计工作打下良好的基础。

1.2 实验设备

机械设计陈列柜一套。陈列柜中展示机械零部件，配以模型、文字、图表，可供学生课余参观自学。

1.3 实验内容

机械设计陈列柜由 18 个柜组成，主要展示各种机械零部件的类型、工作原理、应用及结构设计，所展示的机械零部件有实物，也有模型，部分结构作了剖切，主要陈列的内容如下：

1.3.1　螺纹连接与螺旋传动

（1）螺纹连接　螺纹分为外螺纹和内螺纹。按螺纹的螺旋线旋向不同，螺纹分为左旋螺纹和右旋螺纹，其中，右旋螺纹最为常用。按螺旋线头数的不同，螺纹分为单头螺纹、双头螺纹和多头螺纹。按用途不同，螺纹分为两种：起连接作用的螺纹，称为连接螺纹［图 1-1(a)］；起传动作用的螺纹，称为传动螺纹［图 1-1(b)］。按照螺纹的标准，螺纹又分为米制（螺距以毫米表示）和英制（螺距以每英寸牙数表示）。

常用螺纹的主要类型有以下几种：普通螺纹、管螺纹、矩形螺纹、梯形螺纹、矩齿形螺纹，前两种螺纹主要用于连接，后三种螺纹主要用于传动。

连接的基本类型（图 1-2）：普通螺栓连接、紧定螺钉连接、螺钉连接、双头螺柱连接。

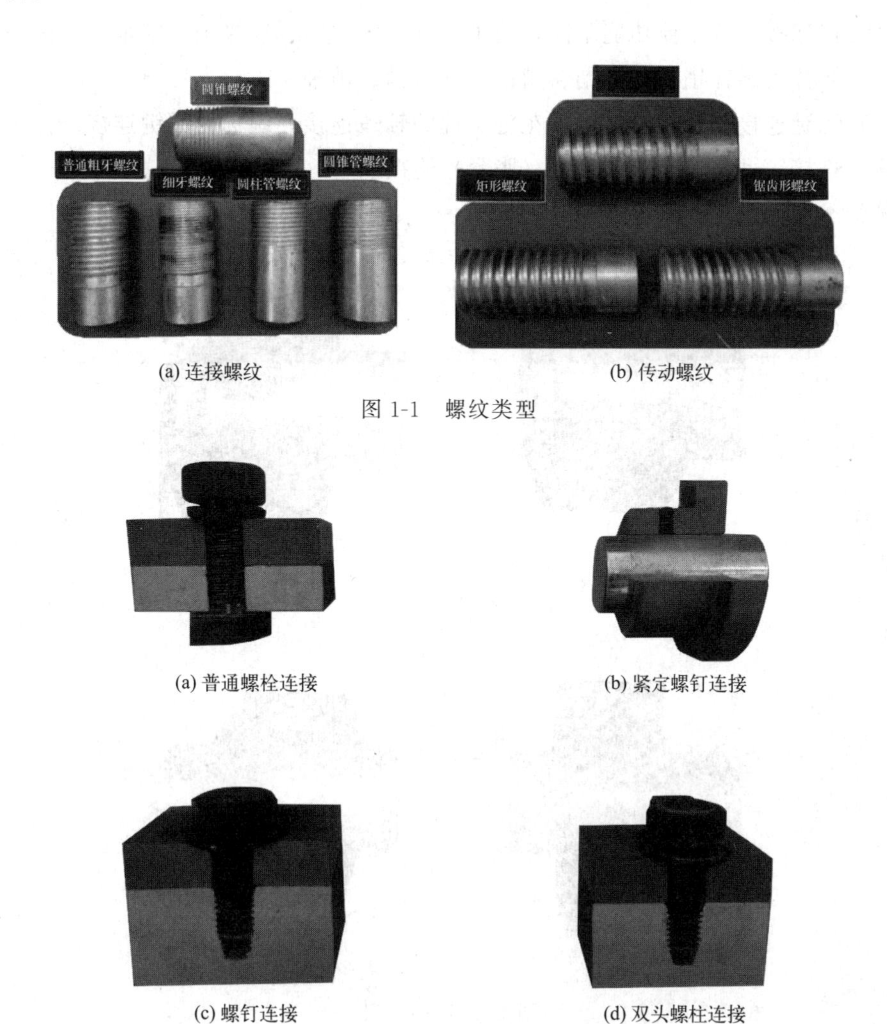

(a) 连接螺纹　(b) 传动螺纹

图 1-1　螺纹类型

(a) 普通螺栓连接　(b) 紧定螺钉连接

(c) 螺钉连接　(d) 双头螺柱连接

图 1-2　连接的基本类型

（2）螺旋传动　螺旋传动是利用螺杆和螺母组成的螺旋副来实现传动要求的。它主要用于将回转运动转变为直线运动，同时传递运动和动力。

螺旋传动的特点：传动比和传力比大；传动平稳、精度高；可实现自锁；普通滑动螺旋传动效率低、易磨损，低速时存在爬行现象。

螺旋传动按其用途不同，分为传力螺旋、传导螺旋、调整螺旋。

1.3.2 键、花键、销和无键连接

（1）键连接　键是一种标准零件，通常用来实现轴与轮毂之间的周向固定，并将转矩从轴传递到毂或从毂传递到轴，有的还能实现轴上零件的轴向固定或轴向滑动。键可分为四大类：平键、普通平键、薄型平键、导向平键、滑键。

（2）花键　连接适用于定心精度要求高、载荷大或经常滑移的连接。花键按其齿形分为矩形花键和渐开线花键。

（3）销连接　按主要功能不同，销主要分为定位销、连接销、安全销；按外形不同，销主要分为圆柱销、圆锥销、槽销、开口销、销轴。

（4）无键连接　凡是不用键或花键实现的轴毂连接，统称为无键连接。常见的有过盈配合连接、型面连接和弹性环（胀紧）连接。

键的类型如图 1-3 所示。

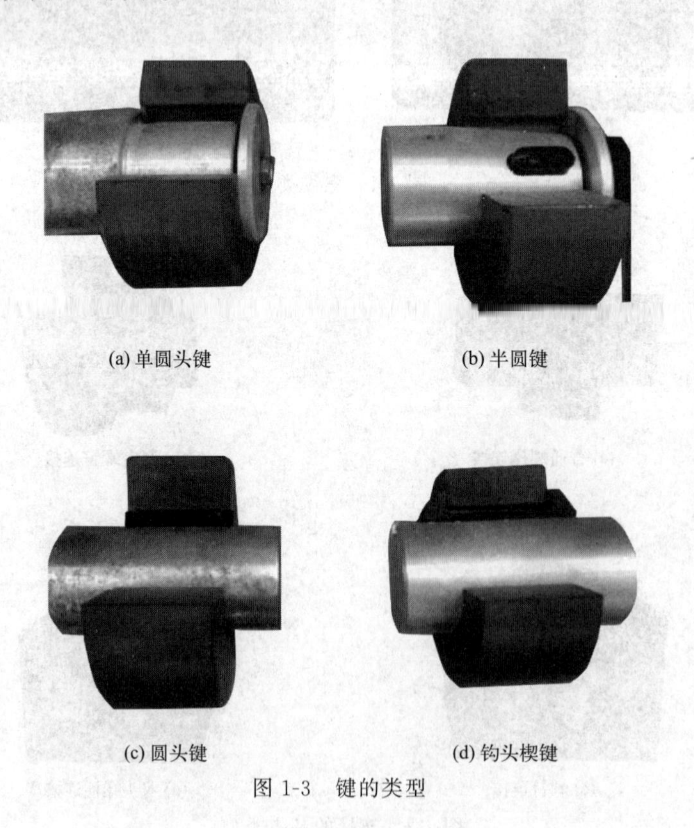

(a) 单圆头键　(b) 半圆键

(c) 圆头键　(d) 钩头楔键

图 1-3　键的类型

1.3.3　带传动

带传动是一种挠性传动。带传动的基本组成零件为带轮（主动轮和从动轮）和传动带。带传动具有结构简单、传动平稳、价格低廉、缓冲吸振等特点。按照工作原理的不同，带传动分为摩擦型和啮合型。

（1）V 带轮的材料　常用的带轮材料为 HT150 或 HT200。转速较高时，可以采用铸钢或用钢板冲压焊接而成；小功率时，可采用铸铝或塑料。

（2）V 带轮的结构形式

① 实心式，带轮基准直径为 $d_d \leqslant 2.5d$，d 为安装带轮的轴的直径，单位为 mm；

② 腹板式，$d_d \leqslant 300\text{mm}$；

③ 孔板式，$D_1 - d_1 \geqslant 100\text{mm}$；

④ 轮辐式，$d_d > 300\text{mm}$。

（3）V 带轮的轮槽　V 带轮轮槽应与所选用的 V 带型号相对应。

（4）V 带轮的张紧　V 带传动的张紧形式包括：

① 定期张紧装置，有滑道式张紧和摆架式张紧两种；

② 自动张紧装置；

③ 张紧轮装置，分为外侧张紧和内侧张紧。

带轮类型如图 1-4 所示。

(a) V带传动

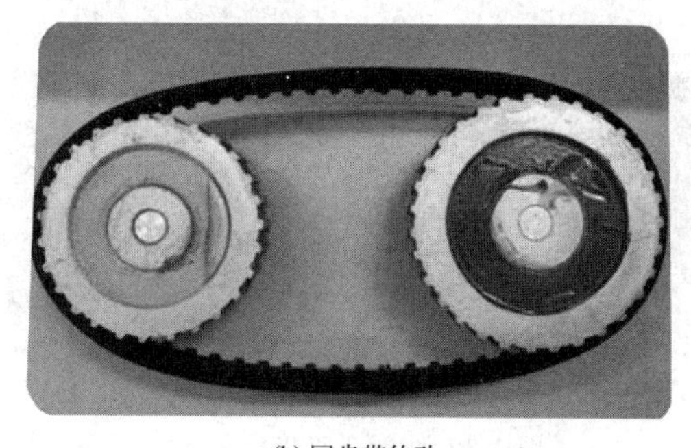

(b) 同步带传动

图 1-4　带轮类型

1.3.4 齿轮传动

齿轮传动的特点：效率高；结构紧凑；工作可靠、寿命长；传动比稳定；齿轮制造复杂，成本较高，不适于轴间距离过大的传动。

（1）齿轮传动分类

① 按齿廓曲线类型，分为渐开线齿轮传动、摆线针轮传动、圆弧齿轮传动等；

② 按齿轮传动轴线间的相对位置不同，分为轴线平行的圆柱齿轮传动、轴线相交的锥齿轮传动、轴线相错的螺旋齿轮传动和轴线相错且垂直的蜗杆传动；

③ 按齿面硬度不同，分为软齿面（齿面硬度不大于 350HBS）、硬齿面（齿面硬度大于 350HBS）的齿轮传动；

④ 按齿轮工作条件不同，分为开式、半开式、闭式齿轮传动。

齿轮传动应用于仪器、仪表、冶金、矿山、机床、汽车、航空、航天、船舶等领域中。

（2）常用齿轮材料　常用齿轮材料有锻钢、铸钢、铸铁、非金属材料。

（3）齿轮的结构类型

① 齿轮轴　圆柱齿轮，若齿根圆到键槽底部的距离 $e<2m_t$（m_t 为端面模数）；圆锥齿轮，若圆锥齿轮小端的齿根圆至键槽底部的距离 $e<1.6m_t$，齿轮与轴做成一体。

② 实心式齿轮　齿顶圆直径 $d_a<200$mm；

③ 腹板式齿轮　齿顶圆直径 $d_a=200\sim500$mm；

④ 轮辐式齿轮　齿顶圆直径 $d_a>500$mm。

齿轮传动如图 1-5 所示，齿轮、轮轴类型见图 1-6。

图 1-5　外啮合直齿轮传动

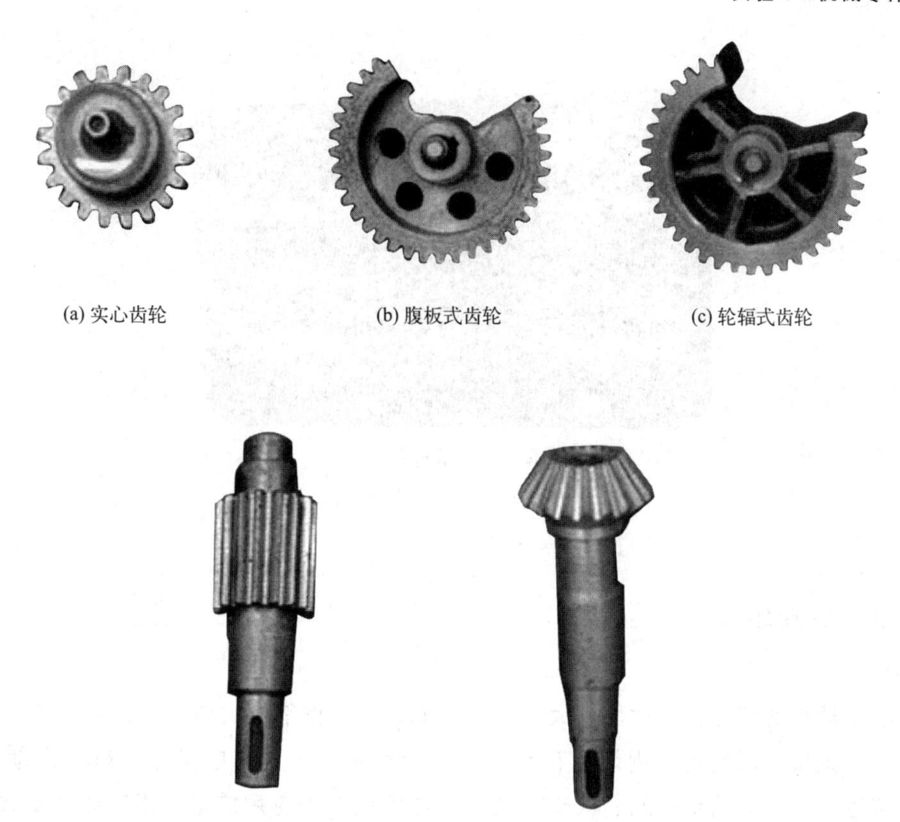

(a) 实心齿轮　(b) 腹板式齿轮　(c) 轮辐式齿轮

(d) 圆柱齿轮轴　(e) 圆锥齿轮轴

图 1-6　齿轮、轮轴类型

1.3.5　蜗杆传动

（1）蜗杆传动是用来传递空间互相垂直而不相交的两轴间运动和动力的传动机构。

蜗杆传动的特点：①传动比大，结构紧凑；②传动平稳，噪声小；③传动可具有自锁性；④传动效率低；⑤蜗轮成本较高。

根据蜗杆的形状不同，蜗杆传动可分为以下几种：①圆柱蜗杆传动，又分为普通圆柱蜗杆传动和圆弧圆柱蜗杆传动；②环面蜗杆传动；③锥蜗杆传动。

（2）蜗杆传动常用材料　蜗杆常用材料有碳钢和合金钢。蜗轮常用材料有铸造锡青铜（ZCuSn10P1、ZCuSn5Pb5Zn5）、铸造铝青铜（ZCuAl10Fe3）、灰铸铁（HT150、HT200）。

（3）蜗杆传动结构　蜗杆常和轴做成一个整体，铣制无退刀槽，车制有退刀槽。

蜗轮有齿圈式、螺栓连接式、整体浇铸式和拼铸式。

蜗杆结构如图 1-7 所示。

图 1-7　蜗杆结构

1—有退刀槽；2—无退刀槽

1.3.6　滑动轴承

滑动轴承的特点：承载能力大、抗振性能好、工作平稳、噪声小、寿命长。滑动轴承在轧钢机、汽轮机、内燃机、铁路机车及车辆、金属切削机床、航空发动机附件、雷达、卫星通信地面站、天文望远镜及各种仪表中应用广泛。滑动轴承如图 1-8 所示。

(a) 整体式径向滑动轴承

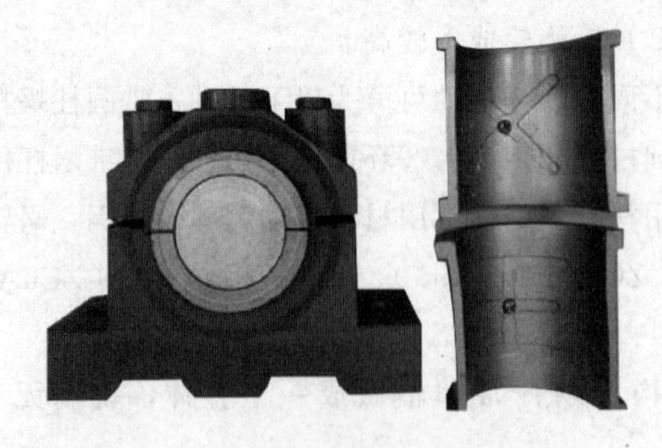

(b) 对开式径向滑动轴承

图 1-8　滑动轴承

（1）滑动轴承类型

① 按其所能承受的载荷方向的不同，可分为径向轴承（承受径向载荷）和止推轴承（承受轴向载荷）。

② 根据其滑动表面间润滑状态的不同，可分为液体润滑轴承、不完全液体润滑轴承和自润滑轴承（指工作时不加润滑剂）。

③ 根据液体润滑承载机理不同，可分为流体动压润滑轴承（简称动压轴承）和流体静压润滑轴承（简称静压轴承）。

（2）滑动轴承结构形式

① 径向滑动轴承。径向滑动轴承的主要结构形式有整体式径向滑动轴承和对开式径向滑动轴承。

② 止推滑动轴承。止推滑动轴承由轴承座和止推轴颈组成，常用结构形式有空心式、单环式和多环式。

（3）轴瓦结构　常用的轴瓦结构有整体式和对开式。

① 整体式。按材料及制法不同，整体式轴瓦分为整体轴套和卷制轴套，卷制轴套又分单层、双层或多层。

② 对开式。对开式轴瓦由上、下两部分组成。

1.3.7 滚动轴承

滚动轴承的基本结构包括内圈、外圈、滚动体、保持架等。

常用的滚动体有球、圆柱滚子、圆锥滚子、球面滚子、非对称球面滚子、滚针等。

与滑动轴承相比，滚动轴承具有以下优点：①摩擦阻力小，效率高，启动容易；②润滑方便，互换性好，维护保养方便；③径向游隙较小，可以用预紧的方法提高轴承刚度及旋转精度；④滚动轴承的宽度较小，可使机器的轴向尺寸紧凑。缺点：①承受冲击载荷的能力差；②高速运转时噪声大；③滚动轴承不能剖分，致使有的时候轴承安装困难，甚至无法安装使用；④径向尺寸大，寿命较低。

滚动轴承如图1-9所示。

1.3.8 联轴器和离合器

联轴器和离合器主要用来连接轴与轴（或连接轴与其他回转零件）以传递运动与转矩，有时也可用作安全保护的装置。

（1）联轴器的类型　根据对两轴的相对位移是否具有补偿能力，可将联轴器分为刚性联轴器和挠性联轴器。

（2）离合器（图1-10）　在机器运转中，离合器可将传动系统随时分离或接合。基本要求：①接合平稳，分离迅速而彻底；②调节和修理方便；③外廓尺寸小；④质量小；⑤耐磨且有足够的散热能力；⑥操纵方便省力。常用的离合器有牙嵌式和摩擦式离合器。

(a) 外圈转动

(b) 内圈转动

图 1-9 滚动轴承

图 1-10 牙嵌离合器

1.3.9　轴

轴的主要作用是支承回转零件及传递运动和动力。

（1）轴的结构　轴的结构主要取决于以下因素：

① 轴在机器中的安装位置及形式。

② 轴上安装零件的类型、尺寸、数量，以及和轴连接的方法。

③ 载荷的性质、大小、方向及分布情况。

轴的结构应满足以下要求：

① 轴和装在轴上的零件要有准确的工作位置。

② 轴上的零件应便于拆装和调整。

③ 轴应具有良好的制造工艺性。

（2）轴上零件的定位

① 轴上零件的轴向定位。轴上零件的轴向定位是以轴肩、套筒、轴端挡圈、轴承端盖、圆螺母等来保证的。

② 轴上零件的周向定位。常用的周向定位零件有键、花键、销、紧定螺钉，或过盈配合连接等。

轴上零件定位如图 1-11 所示。

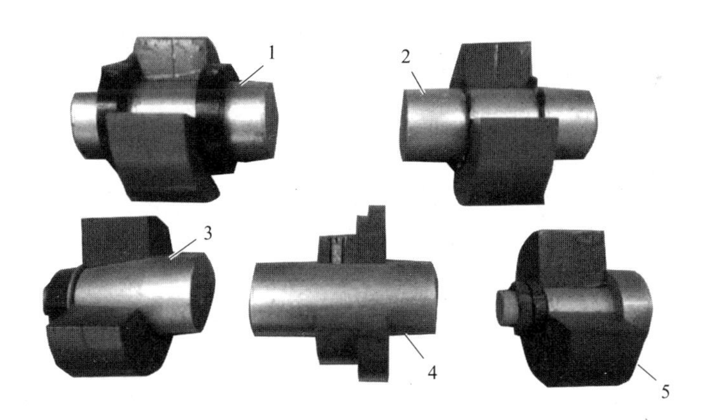

图 1-11　轴上零件定位

1—锁紧挡圈定位；2—弹性挡圈定位；3—圆锥面定位；4—紧定螺钉定位；5—圆螺母定位

1.3.10　减速器

减速器（图 1-12）是原动机与工作机之间独立的闭式传动装置，用来降低转速和增大转矩。按照传动形式的不同可分为齿轮减速器、蜗杆减速器和行星减速器。

图 1-12　圆锥-圆柱齿轮减速器

①齿轮减速器主要有圆柱齿轮减速器、圆锥齿轮减速器和圆锥-圆柱齿轮减速器；②蜗杆减速器主要有圆柱蜗杆减速器、环面蜗杆减速器和锥蜗杆减速器；③蜗杆-齿轮减速器及齿轮-蜗杆减速器；④行星齿轮减速器；⑤摆线针轮减速器；⑥谐波齿轮减速器。

实验2

带传动的滑动与效率测定

2.1 实验目的

（1）观察带传动的弹性滑动和打滑现象。

（2）了解转速、转矩及带传动效率的测量方法。

（3）改变带的初拉力 F_0 对带传动能力的影响。

（4）通过实验测定相关数据并绘制滑动率曲线（ε-T_2）和效率曲线（η-T_2），认识带传动的滑动特性、效率及其影响因素。

2.2 实验设备

DCS-Ⅱ型智能带传动实验台主要技术参数，如表2-1所示。

表2-1　DCS-Ⅱ型智能带传动实验台主要技术参数

技术参数	规格
带轮直径	$D_1=D_2=86$mm
包角	$\alpha_1=\alpha_2=180°$
直流电动机功率	2台×50W
主动电动机调速范围	0～1800r/min

续表

技术参数	规格
额定转矩	T＝0.24N·m
实验台尺寸	长×宽×高＝600mm×280mm×300mm
电源	220V 交流/50Hz

2.3 实验原理

带传动实验台结构如图 2-1 所示。

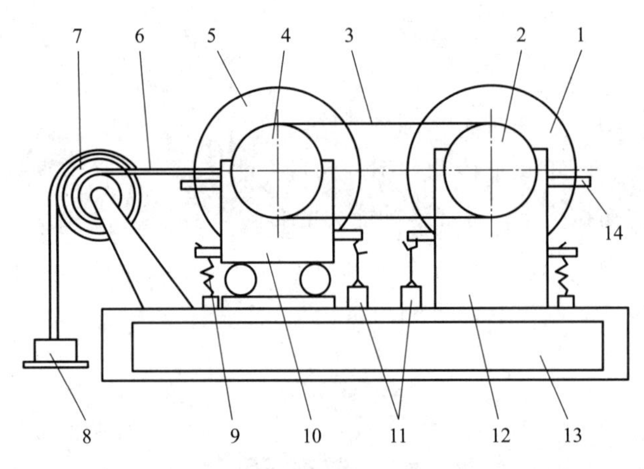

图 2-1　带传动实验台结构

1—从动直流发电机；2—从动带轮；3—传动带；4—主动带轮；5—主动直流电动机；6—牵引绳；7—滑轮；8—砝码；9—拉簧；10—浮动支座；11—拉力传感器；12—固定支座；13—底座；14—标定杆

2.3.1 实验台加载

加载是通过改变发电机激磁电压实现的。逐个按动实验台操作面上的“加载”按钮（即逐个并联发电机负载电阻），使发电机激磁电压加大，电枢电流增大，随之电磁转矩增大。由于电动机与发电机产生相反的电磁转矩，发电机的电磁转矩对电动机而言，即为负载转矩。所以改变发电机的激磁电压，也就实现了负载的改变。

2.3.2　皮带的张紧

为了张紧皮带，两电动机之一安装在滑动轨道上，用钢丝绳、托盘和砝码将其向外拉伸，以张紧皮带。改变砝码的质量，也就改变了带的初拉力 F_0。

2.3.3　转速的测量

两台电动机带轮背后的环形槽中分别安装了红外交电传感器测量转速。带轮上开有光栅槽，由交电传感器将其位移信号转换为电脉冲输入单片计算机中计数，计算得到两电动机的动态转速值，并由实验台上的LED显示器显示。

2.3.4　转矩的测量

接通电源后，电动机的转子与定子磁场相互作用，产生输出转矩 T_1，其反作用转矩是作用在定子上的。其值可通过拉力传感器的拉力 F_1 及力臂 L_1 算出，同理可计算出发电机的输出转矩 T_2。

主动轮的转矩为　　$T_1=L_1F_1(\mathrm{N\cdot m})$

从动轮的转矩为　　$T_2=L_2F_2(\mathrm{N\cdot m})$

2.3.5　带传动的圆周力 F_t、弹性滑动系数 ε 和效率 η

带传动的圆周力为

$$F_t=\frac{2T_1}{D_1} \tag{2-1}$$

带传动是利用带轮间的摩擦力来传递动力的。它具有较大的挠性，工作时松紧边的拉力 F_1、F_2 不等，造成了带绕入和绕出带轮时的弹性变形量不一致，从而产生了弹性滑动。当紧松、紧边拉力差（F_1-F_2）超过带与带轮间的摩擦力时，带就开始打滑。当圆周力 F_t 继续增加时，打滑现象就更加严重。

带传动的滑动程度用滑动率 ε 来表示，其表达式为

$$\varepsilon=\frac{v_1-v_2}{v_1}=\left(1-\frac{D_2n_2}{D_1n_1}\right)\times 100\% \tag{2-2}$$

式中　v_1、v_2——主动轮、从动轮的圆周速度，m/s；

n_1、n_2——主动轮、从动轮的转速，r/min；

D_1、D_2——主动轮、从动轮的直径，mm。

本实验台的带轮直径 $D_1=D_2=86\mathrm{mm}$。

带传动的滑动随工作载荷的增加而增加，此时带处于弹性滑动区；当载荷达到最

大有效载荷时，带开始打滑；当载荷增到最大时，则进入完全打滑区，带处于完全打滑的工作状态。

带传动的效率用 η 来表示，其表达式为

$$\eta=\frac{P_2}{P_1}=\frac{T_2n_2}{T_1n_1}\times 100\% \tag{2-3}$$

式中　T_1、T_2——输入、输出转矩，N·mm；

n_1、n_2——主动轮、从动轮的转速，r/min。

图 2-2 所示曲线 b 是带传动的效率曲线，即表示带传动效率 η 与有效载荷 T 之间关系的 η-T 曲线。当有效载荷 T 增加时，传动效率 η 逐渐提高；当有效载荷超过 T_0 后，传动效率迅速下降。

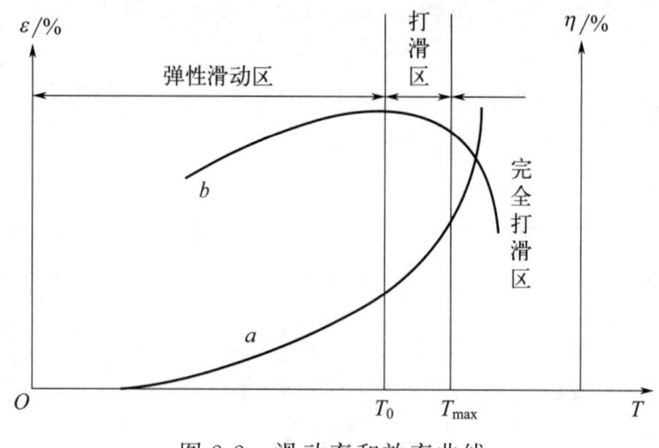

图 2-2　滑动率和效率曲线

带传动最合理的状态，应使有效载荷 T 等于或稍小于临界点 T_0，这时带传动的效率最高，滑动系数 $\varepsilon=1\%\sim2\%$，并且还有余力负担短时间的（如启动）过载。

2.3.6　操作部分

操作主要集中在实验台正面的面板上，面板的布置如图 2-3 所示。

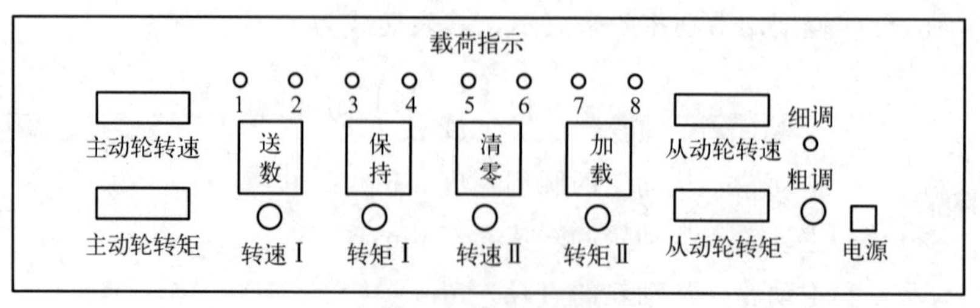

图 2-3　操作面板

2.4　实验步骤

2.4.1　人工记录操作方法

（1）张紧皮带。加砝码使皮带的初拉力 F_0 达到一定的值。

（2）接通电源、清零。

① 在接通电源前，将电动机调速电位器逆时针转到底（电动机转速为0）。

② 接通电源，按一下“清零”键，此时主、从动电动机转速显示为“0”，转矩显示为“.”；实验系统处于“自动校零”状态，校零结束后，转速和转矩均显示为“0”。

③ 调速。将调速电位器顺时针方向旋转，电动机由启动逐渐增速，同时观察实验台面板上主动轮转速显示屏上的转速值，其上的数字即为当时的电动机转速。当主动电动机转速达到预定转速（本实验建议预定转速为1000～1300r/min）时，停止转速调节，此时从动电动机的转速也将稳定地显示在显示屏上，此时为空载情况，记录主、从动电动机的转速与转矩。

（3）加载。

① 按“加载”键一次，第一个加载指示灯亮，待显示基本稳定后（一般LED显示器跳动3、5次即可达到稳定），按实验台面板上的“保持”键使转速和转矩稳定在当时的显示值不变，记录主、从动轮的转矩及转速值。按任意键可脱离“保持”状态。

② 再按“加载”键一次，第二个加载指示灯亮，待显示稳定后记录主、从动轮的转速及转矩值。

③ 重复上述操作，直至7个加载指示灯亮，记录八组数据。根据这八组数据进行必要计算便可作出带传动的滑动率曲线 ε-T_2 和效率曲线 η-T_2。

（4）结束第一次初拉力实验，关闭电动机调速旋钮。重复上述步骤，进行第二次初拉力 F_0 的实验。

（5）实验结束，关闭电动机调速电位器，关闭电源。将带传动实验台的砝码等物品整理好。

2.4.2　与计算机接口操作方法

在带传动实验台后板上设有RS232串行接口，可通过所附的通信线直接和计算机相连，组成带传动实验系统。其操作步骤如下：

（1）将随机携带的通信线一端接到实验机 RS232 插座，另一端接到计算机串行输出口（串行口 1 号或串行口 2 号均可，但无论连线或拆线时，都应先关闭计算机和实验机电源，以免烧坏接口元件）。

（2）打开计算机，在计算机机械教学综合实验系统主界面上单击“带传动”，如图 2-4 所示，带传动实验系统开始运行，在初始界面（图 2-5）单击“串口选择”键正确选择 COM1 或 COM2。单击“数据采集”菜单，等待数据输入。

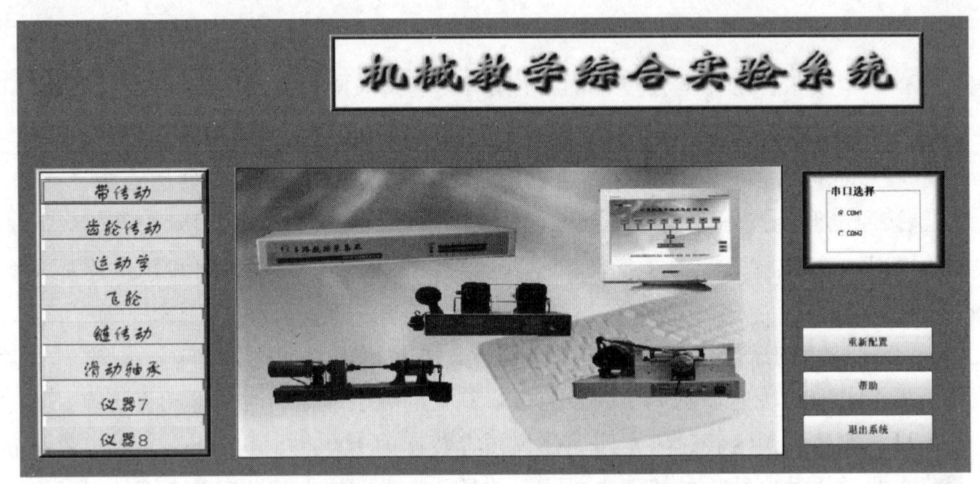

图 2-4　机械教学综合实验系统主界面

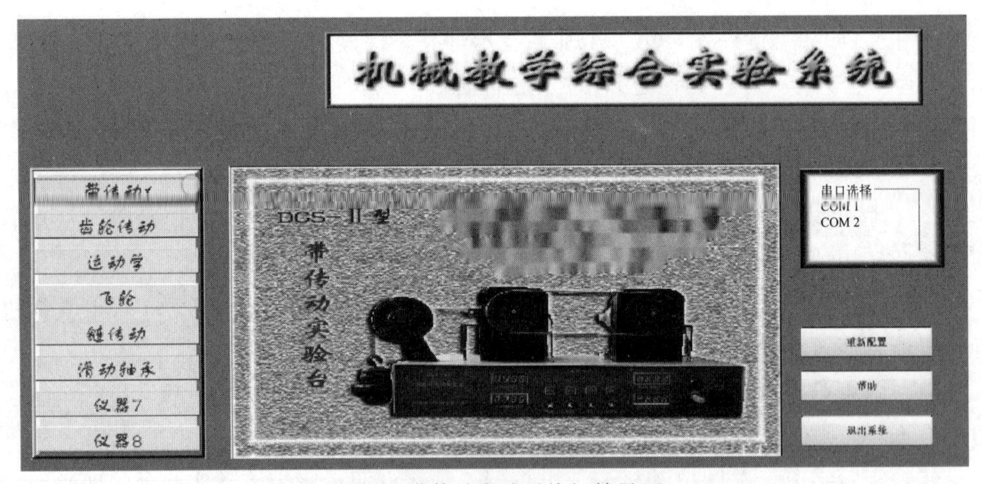

图 2-5　带传动实验系统初始界面

（3）在接通电源前，将实验台调速旋钮逆时针转到底（电动机转速为 0）。打开实验机电源，按“清零”键，几秒钟后数码显示“0”，自动校零完成。

（4）顺时针转动调速旋钮，使主动轮转速稳定在工作转速（一般取 1000～1300r/min），按下“加载”键，待转速稳定后（一般需 2～3 个显示周期），再按“加载”键，重复此步骤，直到实验机面板上的八个指示灯全亮为止。此时，实验台面板上四组数码管全部显示“8888”，表明所采数据已经全部送至计算机。

（5）当实验机全部显示“8888”时，计算机屏幕将显示所采集的全部八组主、从动轮的转速和转矩，此时应将电动机调速旋钮逆时针转到底，使开关断开。

（6）移动鼠标选择“数据分析”功能，屏幕将显示本次实验的曲线和数据，实验结果示例（仅供参考）如图 2-6 所示。

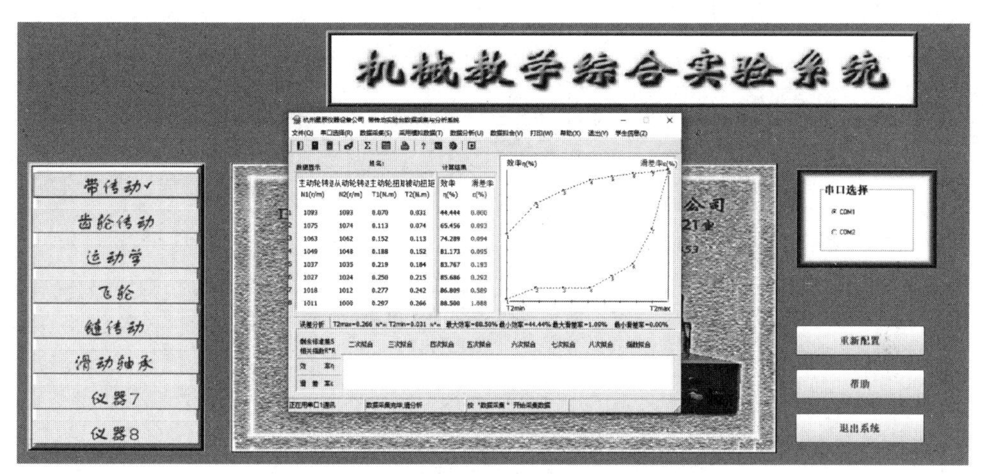

图 2-6　实验结果示例

（7）如果在此次采集过程中采集的数据有问题，或者采集不到数据，可单击“串口选择”下拉菜单，选择较高级的机型，或者选择另一端口。

（8）移动鼠标至“打印”功能，打印机将打印实验曲线和数据。

（9）实验过程中如须调出本次数据，只需鼠标单击“数据采集”功能，然后按下实验台上的“送数”键，数据被送至计算机，可用上述（6）～(8）项操作进行显示和打印。

（10）一次实验结束后如须继续实验，应将电动机调速旋钮逆时针转到底（电动机转速为 0)，并按下实验机构的“清零”键，进行“自动校零”。同时将计算机屏幕中的“数据采集”菜单选中，重复上述（2)～(8）项即可。

（11）实验结束后，将实验台电动机调速电位器开关断开，关闭实验机构的电源，用鼠标单击“退出”。

实验3

液体动压滑动轴承性能

3.1 实验目的

（1）测定和绘制滑动轴承径向油膜压力曲线，求轴承的承载能力。

（2）观察载荷和转速改变时油膜压力的变化情况。

（3）了解滑动轴承摩擦系数 f 的测量方法和摩擦特性曲线的绘制方法。

（4）了解摩擦系数与比压、滑动速度之间的关系。

3.2 液体动压滑动轴承实验台技术要求

3.2.1 主要技术参数

（1）ZHYZT-B 型液体动压轴承实验台技术参数如表 3-1。

表 3-1 ZHYZT-B 型液体动压轴承实验台技术参数

直流电动机功率		355W
测速	测速范围	0～1500r/min
	测速精度	±1r/min

续表

加载	加载范围	0～1600N
	误差	±0.2%
工作条件	环境温度	−10～50℃
	相对湿度	≤80%
轴瓦	轴的直径	$d=70$mm
	轴瓦长度	$b=125$mm
测力点与轴瓦中心距离		$L=120$mm
润滑油的黏度 μ		0.0403Pa·s

（2）BR-ZCS 液体动压轴承实验台的技术参数见表 3-2。

表 3-2　BR-ZCS 液体动压轴承实验台技术参数

直流电动机功率		375W
测速	测速范围	0～1500r/min
	测速精度	±1r/min
加载	加载范围	0～1600N
	误差	±0.2%
工作条件	环境温度	−10～50℃
	相对湿度	≤80%
轴瓦	轴的直径	$d=60$mm
	轴瓦长度	$b=125$mm
测力点与轴瓦中心距离		$L=90$mm
润滑油的黏度热带 μ		0.0403Pa·s

3.2.2　使用方法

（1）开机前的准备。

① 用汽油将油箱清理干净，加入机油至 1/3 处。

② 加载螺旋杆旋至与负载传感器脱离接触。

③ 仔细检查所有电源线、数据线与控制箱是否已连接好。

（2）将控制箱通电后，慢慢向右调节调速旋钮使电动机在 200～300r/min 范围内运行。

(3) 待电动机稳定运行 3～4min 后，即可正常使用。

3.2.3 注意事项

(1) 所加负载不允许超过 1500N，以免损坏轴瓦。

(2) 电动机调速不允许超过 300r/min，以免溅出机油。

(3) 开机前先检查调速电位器的旋向是否处于最小位置（即最左边），以免开启电源时电动机速度突增造成机油被甩出。

(4) 加载螺旋杆旋至与负载传感器脱离接触。

3.3 实验原理

3.3.1 滑动轴承工作原理

滑动轴承因其结构简单、制造方便、成本低廉、运转平稳，对冲击和振动不敏感，以及寿命长等特点，在高速、高精度、重载、强烈冲击以及特殊工作条件的场合得到广泛应用。

(1) 油膜承载机理

滑动轴承工作时，利用轴颈的回转，把润滑油带入轴颈和轴承工作表面之间，从而形成油膜。在一定条件下，当油膜厚度超过轴颈和轴承工作表面微观不平度的平均高度时，就会形成压力油膜将轴颈和轴承两工作表面完全隔离开，从而形成液体摩擦。当油膜压力足够平衡外载荷时，轴颈就会悬浮起来。

(2) 形成油膜压力的条件

① 轴颈和轴承之间必须能形成楔形空间。

② 轴颈和轴承之间必须有相对滑动速度，速度方向必须使润滑油由楔形大口流向小口。

③ 润滑油必须具有一定的黏度，供油要充分。

3.3.2 实验台结构和工作原理

（1）传动系统

由直流电动机通过V带传动驱动主轴沿顺时针方向转动，由单片机控制实现轴的无级调速。本实验台轴的转速范围为0～1500r/min，轴的转速由软件界面内的读数窗口读出。

（2）轴与轴瓦

轴的材料为45钢，经表面淬火、磨光，由滚动轴承支承在箱体上，轴瓦为铸锡铅青铜，牌号为ZCuSnPb5Zn5。在轴瓦的一个径向平面内沿半圆周均布开出7个小孔（每个小孔沿半圆周相隔20°），分别与压力传感器相连，用来测量该径向平面内相应点的油膜压力。

（3）加载装置

本实验台采用螺杆加载，转动螺杆即可改变载荷的大小，所加载荷之值通过传感器检测，可直接由软件界面内的读数窗口读出。

（4）供油方法

轴转动时，浸在油中的轴将润滑油均匀地涂在轴的表面上，由轴转动时将油均匀地带入轴与轴瓦之间的楔形间隙中，形成油膜压力。

（5）测摩擦力装置

轴转动时，轴对轴瓦产生周向摩擦力 F，其摩擦力矩为 $Fd/2$，使轴瓦翻转，轴瓦上测力压头将力传递至压力传感器，测力传感器的检测值 Q 乘以力臂长 L（测的反力 QL），就可以得到摩擦力矩值，进而可计算出摩擦力 F。

（6）主要实验量的测量方法

① 测油膜压力。

将实验机转速升高到300r/min，加载荷为1500N，在形成完全液体摩擦状态时，记录压力传感器显示的数值。

② 测量摩擦系数 f

由力矩平衡得 $Fd/2=QL$

则 $F=2LQ/d$，摩擦系数为

$$f=\frac{F}{P}=\frac{2LQ}{dP} \tag{3-1}$$

a. 定转速变载荷模式。设定转速为一固定值如300r/min，依次记录6个左右加载的采样点，例如50N、300N、600N、900N、1200N、1500N时的数据。

b. 定载荷变转速模式。加载并将载荷固定在300～1500N的载荷，依次记录转速6个左右采样点，例如转速为50r/min、100r/min、150r/min、200r/min、250r/min、300r/min时的数据。

③ 停机

停机前先卸载，后减速，再停机，实验结束。

3.4 实验步骤

3.4.1 油膜压力实验

(1) 连接RS232通信线

在实验台及计算机电源关闭状态下，将标准RS232通信线分别接入计算机及液体动压轴承实验台RS232串行接口。

(2) 启动机械教学综合实验系统

确认RS232串行通信线正确连接，开启电脑，点击“轴承实验台Ⅱ”图标进入。

(3) 油膜压力测试实验

滑动轴承实验系统油膜“压力分布实验”主界面如图3-1所示。

① 系统复位

放松加载螺杆，确认载荷为空载，将电动机调速电位器的旋向处于最小位置即零转速。点击“复位”键，计算机采集7路油膜压力传感器初始值，并将此值作为“零点”储存。

② 油膜压力测试

点击“自动采集”键，系统进入自动采集状态，计算机实时采集7路压力传感器、实验台主轴转速传感器及工作载荷传感器输出电压信号，进行“采样-处理-显示”。慢慢转动电动机调速电位器旋钮启动电动机，使电动机在200～300r/min运行。

旋动加载螺杆，观察主界面中轴承载荷显示值，当达到预定值后即可停止调整。观察7路油膜压力显示值，待压力值基本稳定后点击“提取数据”键，自动采集结束。主界面上即保存了相关实验数据。

③ 自动绘制滑动轴承油膜压力分布曲线

点击“实测曲线”键，计算机自动绘制滑动轴承实测油膜压力分布曲线。点击“理论曲线”键，计算机显示理论计算油膜压力分布曲线。

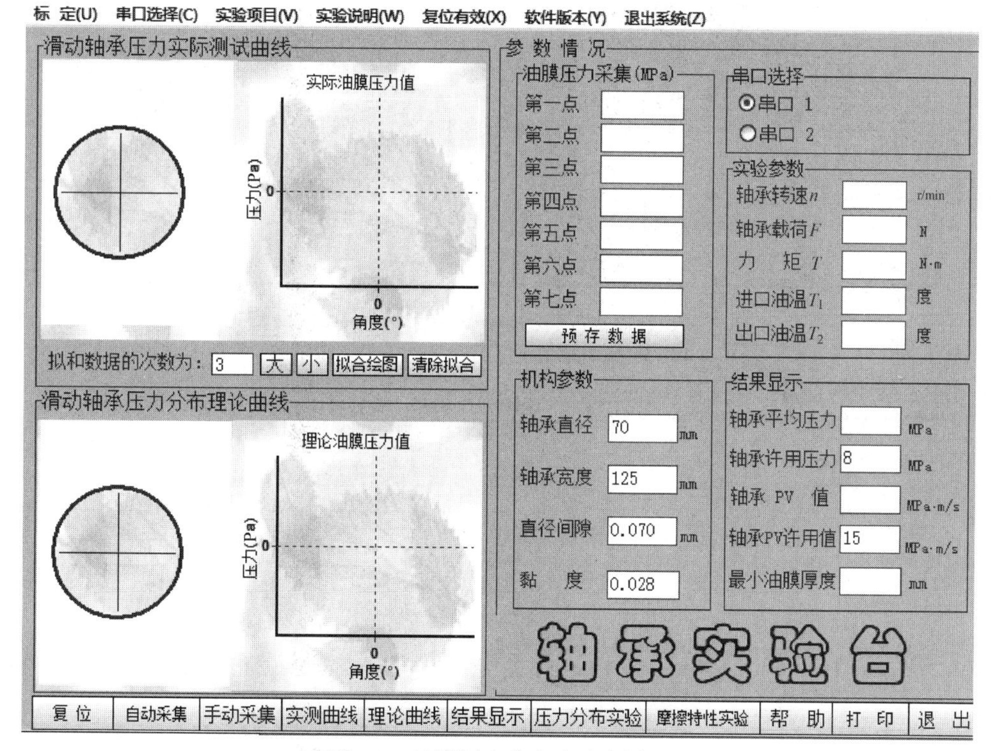

图 3-1　油膜压力分布实验主界面

3.4.2　摩擦特性实验

3.4.2.1　载荷固定，改变转速

（1）确定实验模式

打开轴承实验主界面，点击“摩擦特性实验”键，进入摩擦特性实验主界面，如图 3-2 所示。

点击图 3-2 中“实测实验”及“载荷固定”模式设定键，进入“载荷固定”实验模式。

（2）系统复位

放松加载螺杆，确认载荷为空载，将电动机调速电位器的旋向处于最小位置即零转速。点击“复位”键，计算机采集摩擦力矩传感器当前输出值，并将此值作为“零点”保存。

（3）数据采集

系统复位后，在转速为零状态下点击“数据采集”键，慢慢旋转实验台加载螺杆，观察数据采集显示窗口，设定载荷为 300～1500N。慢慢转动电动机调速电位器旋钮并观察数据采集窗口，此时轴瓦与轴处于边界润滑状态，摩擦力矩会出现较大增

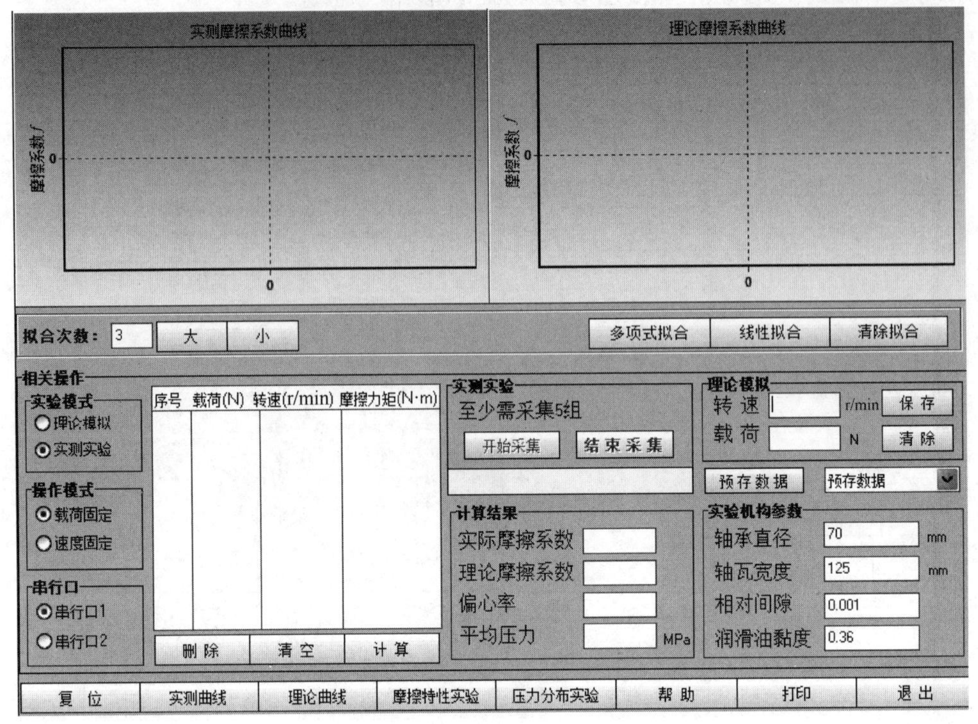

图 3-2　滑动轴承摩擦特性实验主界面

加值，由于边界润滑状态不会非常稳定，应及时点击“数据保存”键将这些数据保存（一般 2～3 个点即可）。

随着主轴转速增加机油将进入轴与轴瓦之间进行混合摩擦，此时 $\mu n/p'$ 的改变引起摩擦系数 f 的急剧变化，在刚形成液体摩擦时，摩擦系数 f 达到最小值。

继续增加主轴转速进入液体摩擦阶段，随着 $\mu n/p'$ 的增大即 n 增加，油膜厚度及摩擦系数 f 也呈线性增加，保存 6 个左右采样点即完成数据采集。点击“结束采集”键，完成数据采集。

（4）绘制测试曲线

点击“实测曲线”键，计算机根据所测数据自动显示 f-n 曲线，也可由学生抄录测试数据手工绘制实验曲线。点击“理论曲线”键，计算机按理论计算公式计算并显示 f-n 曲线。按“打印”功能键，可将所测试数据及曲线自动打印输出。

3.4.2.2　转速固定，改变载荷

（1）确定实验模式

操作同“载荷固定”模式，改变转速固定模式，并在图 3-2 中设定为“速度固定”实验模式。

（2）系统复位

系统复位操作同 3.4.2.1 中的（2）。

（3）数据采集

点击“数据采集”键，在轴承径向载荷为零状态下，慢慢转动调速电位器旋钮，观察数据采集显示窗口，设定转速为某一确定值，例如 300r/min，点击“数据保存”键得到第一组数据。

点击“数据采集”键，慢慢旋转加载螺杆并观察采集显示窗口。当载荷达到预定值时点击“数据保存”键得到第二组数据。

反复进行上述操作，直至采集 6 组左右数据，点击“结束采集”键，完成数据采集。

（4）绘制测试曲线

方法同 3.4.2.1 中的(4)，可显示或打印输出实测 f-F 曲线及理论 f-F 曲线。同样也可由学生手工绘制实验曲线。

3.4.3　附录轴承实验台软件说明

本软件界面有两个主窗体：

主窗体 1：油膜压力仿真与测试（见图 3-3）。

主窗体 2：摩擦特性仿真与测试（见图 3-4）。

注：图 3-3、图 3-4 中数据仅为参考值，不代表实验数据。

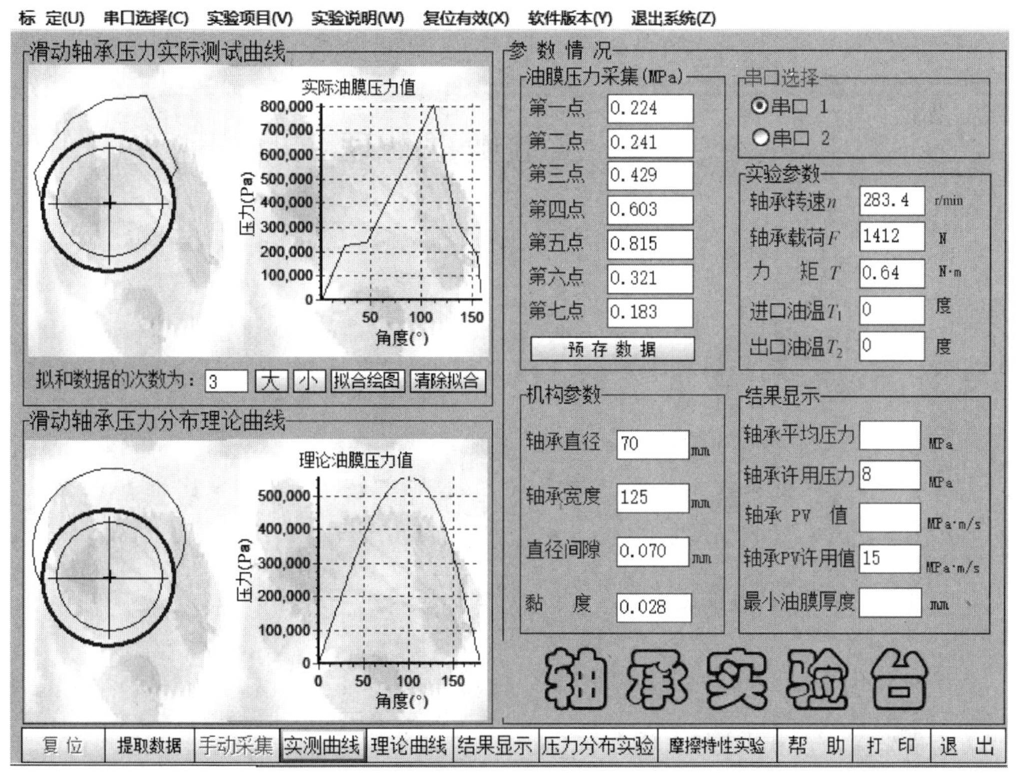

图 3-3　主窗体 1

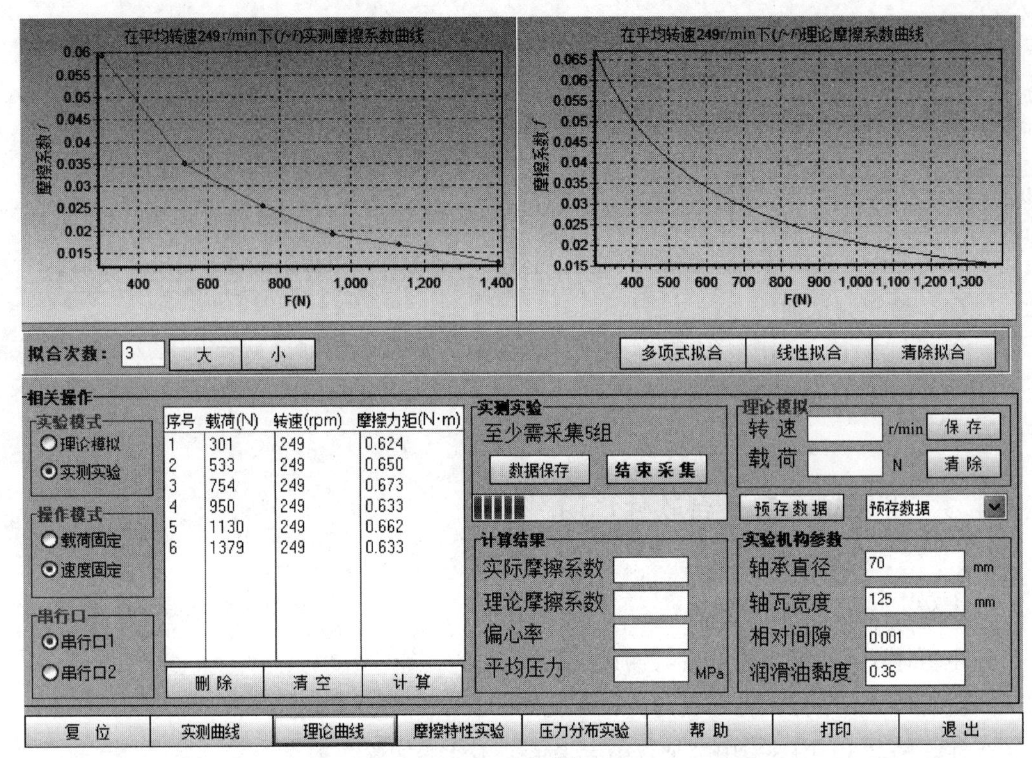

图 3-4 主窗体 2

3.5 实验数据处理

3.5.1 摩擦系数计算

滑动轴承的特性系数 λ 是润滑油的黏度 μ、轴的转速 n、轴承比压 p' 的函数，$\lambda=\mu n/p'$，其中，μ 为黏度，Pa·s；n 为轴的转速，r/min；P 为螺杆加载，N；d 为轴的直径，mm；b 为轴瓦长度，mm；p'为比压，$p'=\dfrac{P}{db}$，MPa。

计算出不同比压及转速下的摩擦系数 $f=\dfrac{F}{P}=\dfrac{2LQ}{dP}$ [见式（3-1）推导]，在纸上以 λ 为横坐标，f 为纵坐标，绘出 f-λ 曲线。其最小值是液体摩擦和非液体摩擦的区分点。

3.5.2　油膜承载能力分析

3.5.2.1　绘制油压分布曲线

根据测得的油膜压力，以合适的比例在纸上绘制油膜压力分布曲线图，如图3-5所示。

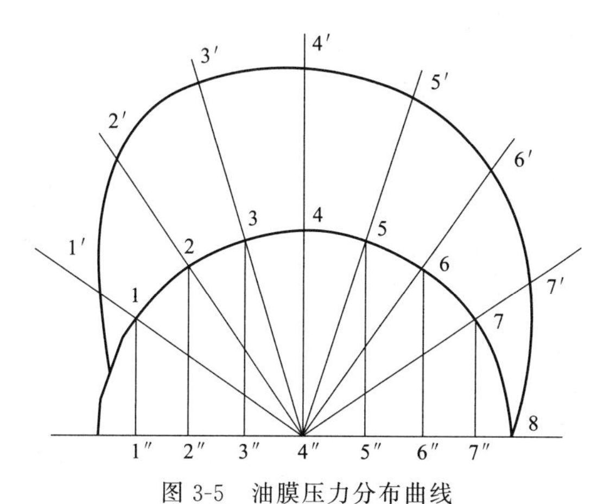

图3-5　油膜压力分布曲线

具体画法：沿着圆周表面从左到右分别画出角度为30°、50°、70°、90°、110°、130°、150°的角，分别得出有孔点1～7的位置。通过这些点与圆心连线，在各连线的延长线上，将油压传感器（比例0.1MPa=5mm或比例自选）测出的压力值画出压力线1-1′、2-2′、…、7-7′。将1′、2′、…、7′各点连成圆滑曲线，该曲线就是所测轴承的中间截面处的油膜径向压力分布曲线。

3.5.2.2　求油膜承载能力

根据油压分布曲线，在纸上绘制油膜承载能力曲线。

将图3-5的1、2、…、7各点在水平轴上的投影定为1″、2″、…、7″。在图3-6上用与图3-5相同的比例尺画出直径线0～8，在其上画出1″、2″、…、7″各点，其位置与图3-5完全相同。

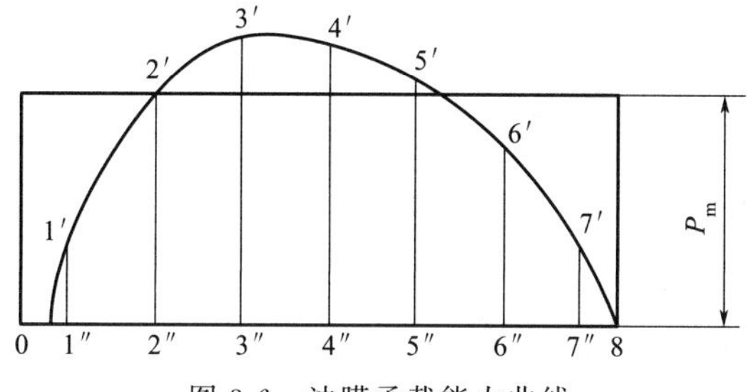

图3-6　油膜承载能力曲线

在直径线 0～8 垂直方向上，画出压力向量 1″-1′、2″-2′、…、7″-7′，使其分别等于图 3-5 中的 1-1′、2-2′、…、7-7′，将 1′、2′、…、7′连成圆滑曲线。

用数格法计算出曲线所围成的面积。以 0～8 直径线为底边作一矩形，使面积与曲线所围成的面积相等。其高 P_m 即为轴瓦中间截面处的径向平均比压。

将 P_m 乘以轴承长度和轴的直径，即可得到不考虑两端泄漏的无限宽轴承的油膜承载能力。但是，由于两端泄漏的影响，在轴承两端处比压为零，如果轴与轴瓦沿轴向间隙相等，则其比压沿轴向呈抛物线分布，如图 3-7 所示。

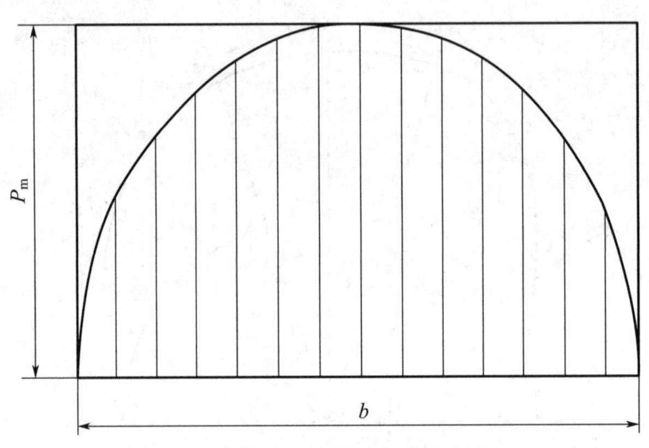

图 3-7　有限宽轴承的油膜承载能力

可以证明，抛物线下面积与矩形面积之比 $K=\frac{2}{3}$，K 为轴承沿轴向比压分布不均匀系数，则油膜承载能力 $P''=KP_m db$。

3.5.3　注意事项

（1）打开电动机电源之前，一定要确认轴承无外加载荷且电动机调速旋钮调为零。

（2）电动机调速过程中要缓慢，避免冲击载荷损坏传感器。

（3）施加载荷不允许超过 1500N，否则会损坏实验设备。

实验4

轴系结构分析与设计

4.1 实验目的

(1) 分析一种典型轴系的结构，包括轴及轴上零件的各部件形状及功用，轴承类型，安装、固定和调整方式，润滑及密封装置类型和结构特点。

(2) 安装并测量一种轴系的各部件结构尺寸，绘制出轴系结构装配图，标注必要的尺寸及配合，并列出标题栏及明细表。

(3) 通过轴系部件的拆装与测绘，学会对现有机械部件进行结构分析，培养结构设计的能力。

4.2 实验设备

(1) 创意组合轴系结构设计实验箱。

(2) 扳手、螺丝刀、游标卡尺、钢板尺等。

创意组合轴系结构设计实验箱零件明细见表4-1。

表4-1　创意组合轴系结构设计实验箱零件明细　　单位：mm

类别	序号	名称	数量	备注
一、齿轮类	1	小直齿轮	1	$m=3, z=17$
	2	大直齿轮	1	$m=3, z=32$

续表

类别	序号	名称	数量	备注
一、齿轮类	3	大斜齿轮	1	$m_n=3,z=32$
	4	小斜齿轮	1	$m_n=3,z=17$
	5	小锥齿轮	1	$m=3,z=17$
	6	大锥齿轮	1	$m=3,z=32$
二、齿轴类	7	蜗杆	1	$m_x=3,z=1$
	8	直齿轮轴	1	$m=3,z=17$
	9	斜齿轮轴	1	$m_n=3,z=17$
三、轴类	10	轴	1	总长 $L=232.5$
	11	中间轴	1	总长 $L=156$
	12	轴Ⅰ	1	总长 $L=232.5$
	13	锥齿轮轴	1	总长 $L=160$
	14	锥齿轮轴Ⅰ	1	总长 $L=168$
	15	轴Ⅱ	1	总长 $L=281$
	16	轴Ⅲ	1	总长 $L=205.5$
四、垫类	17	密封垫	6	厚 $\delta=1$
	18	调整垫	4	厚 $\delta=1$,外径 $\phi52$
	19	调整垫Ⅰ	4	厚 $\delta=2$,外径 $\phi52$
	20	调整垫Ⅱ	各 2	厚 $\delta=0.5$、1.0 外径×内径$=\phi85\times\phi52.5$
	21	调整垫Ⅲ	各 2	厚 $\delta=0.5$、1.0 外径×内径$=\phi85\times\phi62.5$
	22	调整板	各 2	厚 $\delta=1.0$、2.0 长×宽$=106\times47$
五、盖类	23	轴承透盖	2	外径 $\phi76$
	24	轴承闷盖	2	外径 $\phi76$
	25	轴承透盖Ⅰ	1	外径 $\phi76$
	26	嵌入式闷盖	2	外径 $\phi57$
	27	嵌入式透盖	2	外径×内径$=\phi57\times\phi23.5$
	28	嵌入式透盖Ⅰ	2	外径×内径$=\phi57\times\phi32.5$
	29	轴承透盖Ⅱ	2	外径 $\phi86$

续表

类别	序号	名称	数量	备注
五、盖类	30	轴承透盖Ⅲ	1	外径 ϕ76
	31	轴承透盖Ⅳ	1	与毡圈压盖配套使用
	32	毡圈压盖	1	
	33	套杯Ⅱ盖	1	
	34	外调整轴承盖	1	
六、套挡圈类	35	轴套	1	外径×内径×厚＝ϕ31×ϕ22×42
	36	轴端挡圈	2	
	37	轴间挡圈	2	
	38	轴套Ⅰ	2	外径×内径×厚＝ϕ31×ϕ25.5×24
	39	轴套Ⅱ	2	外径×内径×厚＝ϕ31×ϕ25.5×30
	40	轴承定位圈	2	
	41	轴承隔套	2	外径×内径×厚＝ϕ31×ϕ25×2.8
	42	套杯	1	
	43	锥齿轮衬套	2	外径×内径×厚＝ϕ31×ϕ15×10
	44	轴端挡圈Ⅰ	1	
	45	轴端挡圈Ⅱ	1	
	46	套杯Ⅰ	1	
	47	套杯Ⅱ	1	
	48	过渡套	2	外径×内径×厚＝ϕ20×ϕ16×17
	49	过渡板	2	外径×内径×厚＝ϕ31×ϕ16×3
	50	调整轴承圈	1	
	51	轴套Ⅲ	2	外径×内径×厚＝ϕ31×ϕ25.5×30
	52	轴套Ⅳ	2	外径×内径×厚＝ϕ31×ϕ25.5×7.4
七、支座类	53	轴承座上盖	2	
	54	轴承座下盖	2	
	55	双轴承座上盖	2	
	56	双轴承座下盖	2	
	57	双轴承座Ⅰ上盖	2	
	58	双轴承座Ⅰ下盖	2	

续表

类别	序号	名称	数量	备注
八、其他类	59	圆螺母	2	M24×1
	60	圆螺母Ⅰ	1	M16×1
	61	密封板	2	
	62	甩油环	2	
	63	底板	2	
	64	T形槽用螺母	8	
九、标准件	65	键 8×L	各2	L=22.5、37.5
	66	键 C8×22	2	
	67	轴承 6205	2	球轴承
	68	轴承 80205	2	球轴承
	69	轴承 30205	2	圆锥滚子轴承
	70	轴承 51204	2	单向推力球轴承
	71	轴承 1205	2	圆柱孔调心轴承
	72	螺栓 M6×25	10	六角头螺栓
	73	螺栓 M6×20	20	六角头螺栓
	74	螺栓 M8×25	10	六角头螺栓
	75	螺钉 M10×30	2	内六角平端紧定螺钉
	76	螺钉 M3×8	10	开槽锥端紧定螺钉
	77	螺钉 M3×5	10	十字槽盘头螺钉
	78	螺钉 M3×6	6	
	79	螺钉 M5×12	4	十字槽沉头螺钉
	80	螺钉 M6×10	4	
	81	垫圈 6	20	弹簧垫圈
	82	垫圈 6	20	平垫圈
	83	垫圈 8	10	平垫圈
	84	垫圈 10	2	
	85	垫圈 3	6	小平垫圈
	86	毡圈 22	6	羊毛毡
	87	毡圈 30	4	

续表

类别	序号	名称	数量	备注
九、标准件	88	油封 PD22×40×10	2	骨架橡胶油封
	89	挡圈 52	4	B 型孔用弹性挡圈
	90	挡圈 22	4	B 型轴用弹性挡圈
	91	螺母 M10	2	六角薄螺母

4.3　设计方案选择及部分装配图

可选用的设计方案见表 4-2。

表 4-2　设计方案

设计方案	设计方案
1. 单-球组合	17. 单-球-垫-压密组合
2. 单-球-垫组合	18. 单-球-双-平推-垫-轴-齿组合
3. 单-球-环组合	19. 单-推-垫-外调组合
4. 单-球-嵌组合	20. 单-推-轴-蜗组合
5. 单-球-嵌-套组合	21. 单-球调-垫组合
6. 单-推-垫组合	22. 单-球-轴挡组合
7. 单-球-盖-嵌-套组合	23. 单-球-垫-轴挡-嵌组合
8. 单-推-盖-嵌-套组合	24. 单-球-垫-轴挡组合
9. 单-推-垫组合	25. 单-球-垫-中轴-齿组合
10. 单-球-垫-轴-齿组合	26. 单-调心-垫-中轴-齿组合
11. 单-推-垫-轴-齿组合	27. 单-球-垫-中轴-齿-闷组合
12. 单-推-垫-中轴-齿组合	28. 单-球-垫-中轴-齿-闷-密组合
13. 单-球-双-推-垫-轴-齿组合	29. 单-背推-垫组合
14. 套-双-推-垫-轴-锥组合	30. 单-球-双-背推-垫-轴-齿组合
15. 套-双-推-垫-轴-锥-锁组合	31. 单-调心-双-背推-垫-轴-齿组合
16. 单-球-垫-密组合	

表 4-2 所示组合说明：

(1) 所有的深沟球轴承 60000（油润滑）支承方式均可变换成深沟球轴承 80000（脂润滑）支承方式。

(2) 密封方式可变换。

(3) 在油润滑的情况下可加装密封板和甩油环。

(4) 内圈、外圈可采用挡圈定位。

应用举例见图 4-1～图 4-5。

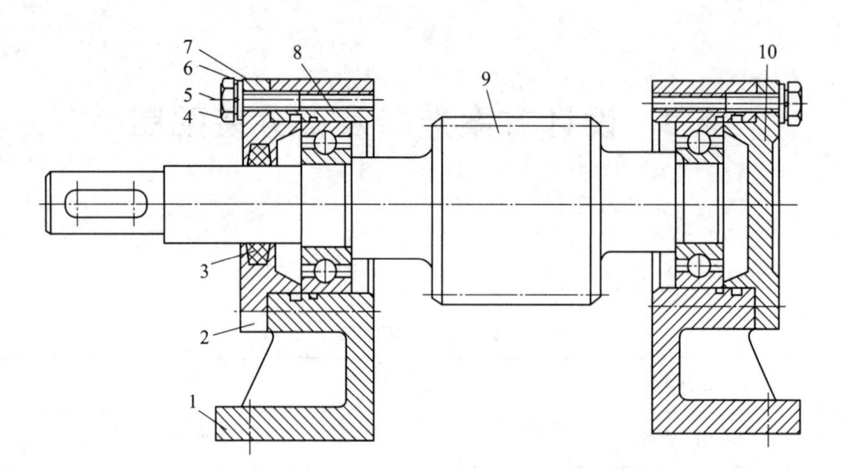

图 4-1　单-球组合

1—轴承座；2—轴承透盖；3—毡圈 22（羊毛毡）；4—螺栓 M6×20（六角头螺栓）；5—垫圈 6（标准形弹簧垫）；6—垫圈 6（平垫）；7—石棉密封垫；8—轴承 6205（深沟球轴承）；9—直齿轮轴；10—轴承闷盖

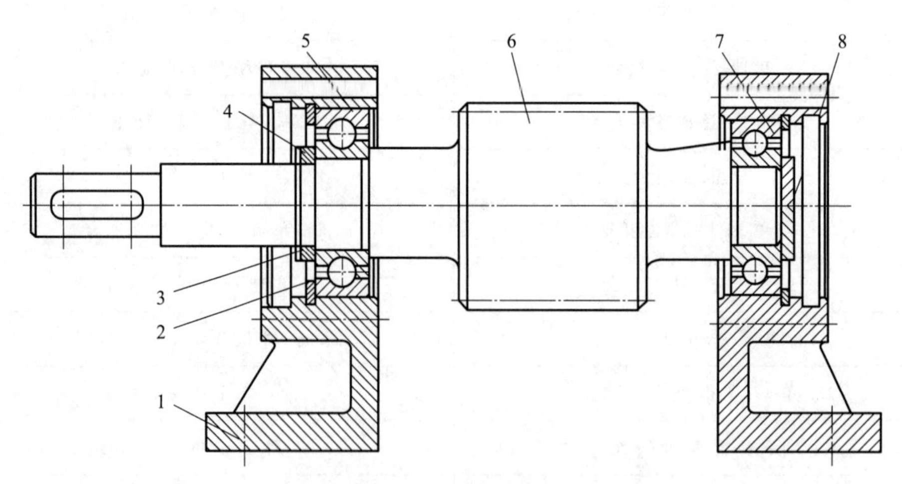

图 4-2　单-球-环组合

1—轴承座；2—挡圈 52（B 型孔用弹性挡圈）；3—轴间挡圈；4—挡圈 22（B 型轴用弹性挡圈）；5—轴承 6205（深沟球轴承）；6—直齿轮轴；7—轴端挡圈；8—螺栓 M6×10（十字槽沉头螺钉）

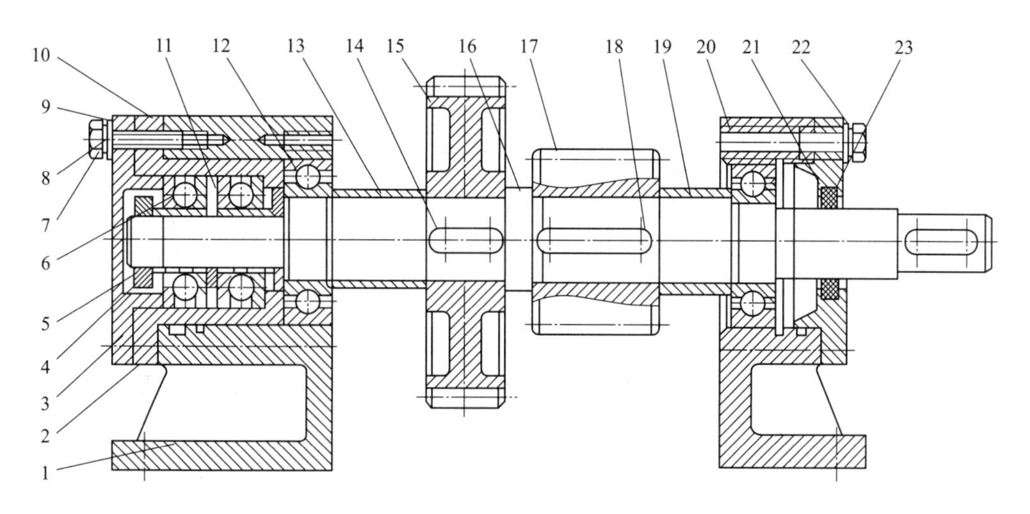

图 4-3　单-球-双-平推-垫-轴-齿组合

1—双轴承座；2—套杯Ⅱ；3—套杯Ⅱ盖；4—过渡套；5—圆螺母Ⅰ；6—轴承 8204（单向推力轴承）；7—螺栓 M6×25（六角头螺栓）；8—垫圈 6（标准形弹簧垫）；9—垫圈 6（平垫）；10—石棉密封垫；11—过渡板；12—轴承 6205（深沟球轴承）；13—轴套Ⅰ；14—键；15—大斜齿轮；16—轴Ⅱ；17—小直齿轮；8—键Ⅰ；19—轴套；20—轴承座；21—轴承透盖；22—螺栓 M6×20（六角头螺栓）；23—毡圈（羊毛毡）

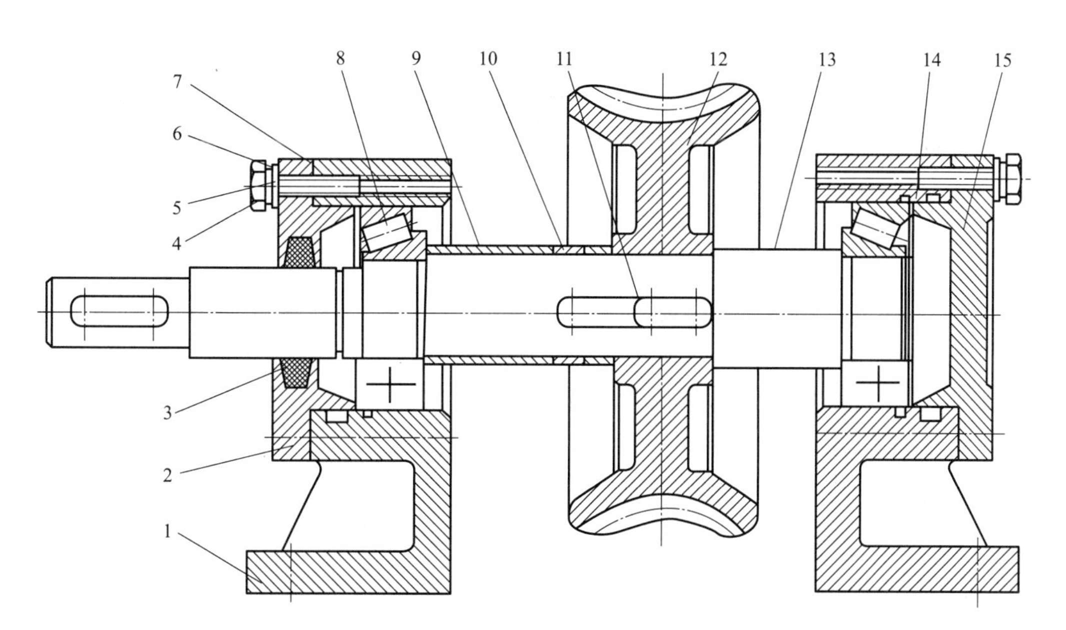

图 4-4　单-推-轴-蜗组合

1—轴承座；2—轴承透盖；3—毡圈 22（羊毛毡）；4—螺栓 M6×20（六角头螺栓）；5—垫圈 6（标准形弹簧垫）；6—垫圈 6（平垫）；7—石棉密封垫；8—轴承 30205（圆锥滚子轴承）；9—轴套Ⅲ；10—轴套Ⅱ；11—键；12—蜗轮；13—轴Ⅲ；14—调整垫；15—轴承闷盖

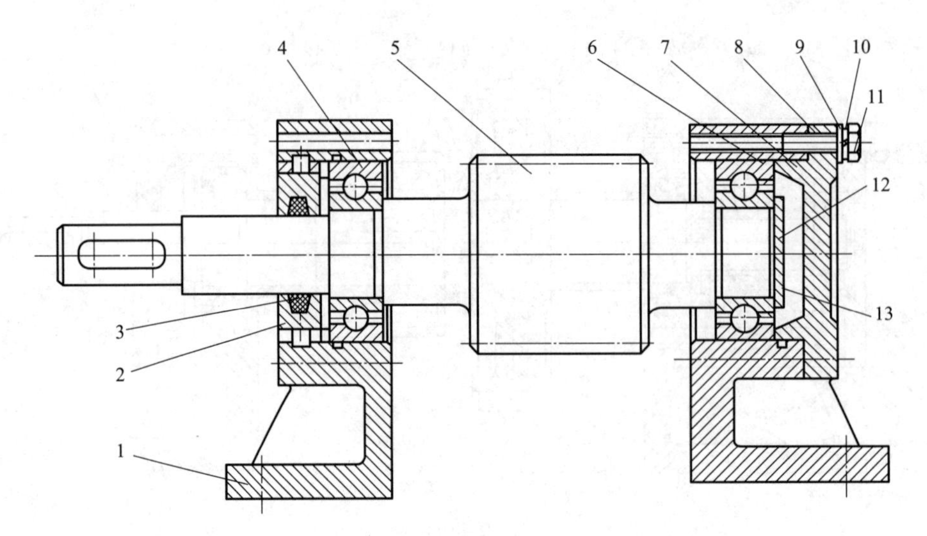

图 4-5　单-球-垫-轴挡-嵌组合

1—轴承座；2—嵌入式透盖；3—毡圈 22（羊毛毡）；4—轴承 6205（深沟球轴承）；5—直齿轮轴；6—调整垫；7—轴承闷盖；8—石棉密封垫；9—垫圈 6（平垫）；10—垫圈 6（标准形弹簧垫）；11—螺栓 M6×20（六角头螺栓）；12—螺钉 M6×10（十字槽沉头螺钉）；13—轴端挡圈

4.4　实验步骤

（1）根据表 4-1 熟悉实验箱内各零部件名称及型号，了解其用途。

（2）明确实验内容，理解设计要求。

（3）确定轴系结构设计方案图。

① 根据轴系结构设计方案选择滚动轴承型号、固定方式、端盖形式。

② 轴上零件的定位和固定，轴承间隙调整等问题。

③ 确定润滑（脂润滑或油润滑）和密封方式。

（4）根据轴系结构设计方案图，将选择的零部件按工艺要求装配到轴上。检查所设计装配的轴系结构是否合理。

（5）合理的轴系结构应满足下述要求：

① 轴上零件拆装方便性，轴的加工工艺性等。

② 轴上零件固定（轴向、周向）可靠。

③ 轴承固定方式应符合给定的设计条件，轴承间隙调整方便。

④ 锥齿轮轴系的位置应能做轴向调整。

因条件限制，本实验忽略过盈配合的松紧程度、轴肩过渡圆角等问题。

(6) 轴系测绘。

① 测绘轴的各段直径、长度及各零件的尺寸。

② 确定滚动轴承、螺纹连接件、键、密封件等标准件的尺寸。

(7) 绘制轴系结构装配图。

① 测量轴系上各零部件的尺寸，对照轴系实物绘出轴系结构装配图。

② 比例要求适当（一般按 1∶1)，结构清楚，装配关系正确，符合机械制图的规定。

③ 在图纸上标注必要的尺寸，主要有两支承间的跨距、主要零件的配合尺寸等。

④ 对各零件进行编号，并填写标题栏及明细表（按照机械制图的要求填写)。

(8) 拆卸轴系，将各零部件放回实验箱内，排放整齐，工具放回原处。

(9) 注意事项。

① 箱内零件全部采用铝合金制作，在使用时不得任意敲打，以免伤害表面，影响今后的使用。

② 爱惜零件，不得丢失，每类零件只能单独装箱存放，不得与其他箱内零件混杂在一起，以便下次实验使用。

③ 每套实验箱配有说明书和装配图，图纸须爱惜使用不得弄脏、损坏和丢失，实验完成后将说明书存放在实验箱中。

实验5

减速器拆装与结构分析

减速器是指原动机与工作机之间独立的闭式传动装置，用来降低转速和相应地增大转矩。减速器的种类很多，大致可分为以下几种：齿轮减速器，主要有圆柱齿轮减速器、圆锥齿轮减速器和圆锥-圆柱齿轮减速器；蜗杆减速器，主要有圆柱蜗杆减速器、圆弧旋转面蜗杆减速器、锥蜗杆减速器、蜗杆-齿轮减速器；行星减速器，主要有渐开线行星齿轮减速器、摆线针轮减速器和谐波齿轮减速器。图 5-1 所示为常用单级圆柱齿轮减速器。

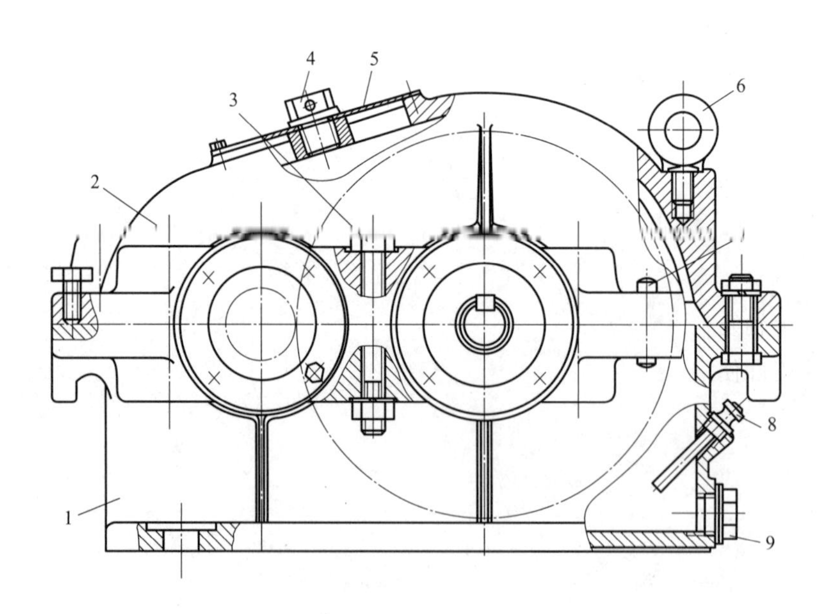

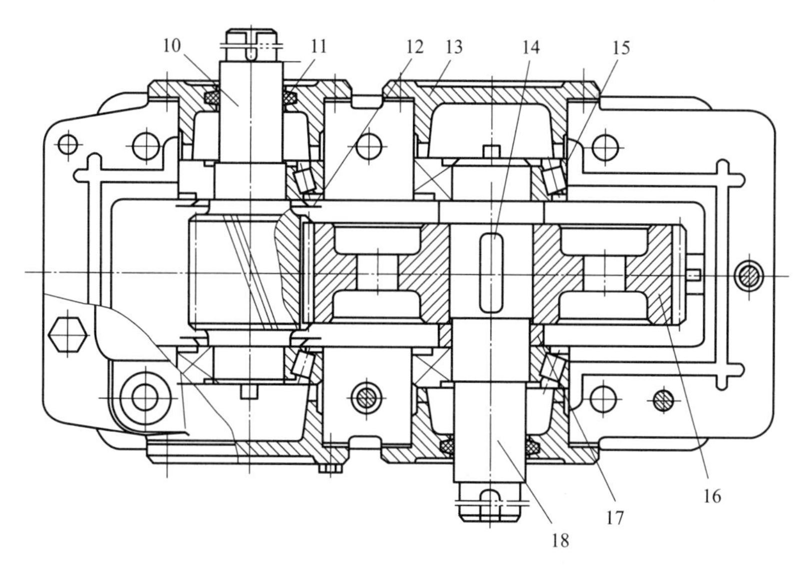

图 5-1　单级圆柱齿轮减速器

1—箱座；2—箱盖；3—箱盖箱座连接螺栓；4—通气器；5—观察孔盖板；6—吊环螺钉；7—定位销；
8—油标尺；9—放油螺塞；10—齿轮轴；11—油封；12—挡油盘；13—轴承端盖；
14—平键；15—轴承；16—齿轮；17—轴套；18—轴

5.1　实验目的

（1）了解减速器的结构，各种零件的名称、形状、用途以及各零件之间的装配关系。

（2）了解减速器装配的基本要求。

（3）了解轴及轴上零件的作用、位置和装配关系。

（4）能正确使用量具测量减速器主要参数。

（5）掌握减速器拆装、装配和调整的方法和步骤。

5.2　实验设备

（1）Ⅰ级、Ⅱ级齿轮减速器。

（2）拆装用的工具一套。

（3）直尺和游标卡尺。

5.3 实验原理

如图 5-1 所示，减速器基本机构是由箱体、通用零部件（如传动件、支承件和连接件）及附件组成。在减速器中，箱体是用以支承和固定轴系部件，保证传动件的啮合精度、良好地润滑和密封的重要零件。为了保证轴承座的刚度，使轴承座有足够的壁厚，并在轴承座附近加支撑筋。为了提高轴承座处的连接刚度，座孔两侧的连接螺栓应尽量靠近（以不与端盖螺钉孔干涉为原则），为此轴承座孔附近应做凸台，同时还有利于提高轴承座刚度。箱体分剖分式和整体式，为方便减速器的轴系零部件拆装多采用剖分式。

轴系零部件，主要包括传动件直齿轮、斜齿轮、锥齿轮、蜗杆、轴等，支承件轴承及轴向和周向固定件套筒、轴端挡圈、轴承端盖、键、挡油圈等。

减速器传动件的润滑大多采用油润滑，其润滑方式多采用浸油润滑，对于高速传动则采用压力喷油润滑。滚动轴承的润滑可采用油润滑和脂润滑。当浸油齿轮的圆周速度 $v<2\text{m/s}$ 时，齿轮不能有效地将油飞溅到箱壁上，故采用脂润滑；当浸油齿轮的圆周速度 $v\geqslant 2\text{m/s}$ 时，齿轮能将较多油飞溅到箱壁上，故采用油润滑。减速器的密封、轴伸出端密封为毡圈和密封圈密封，是为了防止轴承处的油流出和箱外的污物、灰尘、水分等杂物进入轴承内。箱体结合面密封常用在结合面上涂密封胶和水玻璃。为提高结合面密封性，在箱座的结合面上开有导油沟如图 5-2 所示，使进入结合面的润滑油流入箱体内。轴承靠箱体内侧的密封主要是挡油环和封油环。

减速器的附件主要作用是检查传动件的啮合情况、注油、排油、指示油面、通气和装卸吊运等。

（1）观察孔盖板和观察孔　如图 5-3 所示，观察孔主要用于检查传动件的啮合情况、润滑状况、接触斑点、齿侧间隙及注入润滑油。

（2）放油螺塞　如图 5-4 所示，用于放出污油。

（3）油标　如图 5-5 所示，用于检查油面高度，因此常在便于观察油面及油面稳定之处装有油标。

（4）通气器　如图 5-6 所示，减速器运转时，机体内温度升高，气压增大，对减速器密封极为不利，所以多在箱盖顶部或观察孔上安装通气器，使机体内热胀气体自由逸出，以保证机体内外压力均衡，提高机体有缝隙的密封性能。

（5）启盖螺钉　如图 5-7 所示，用于开启箱盖。

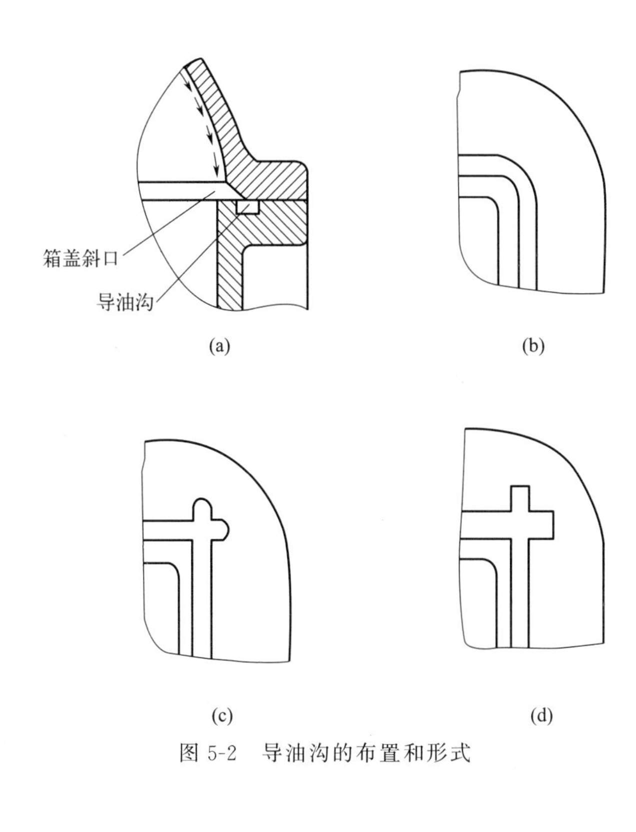

图 5-2　导油沟的布置和形式

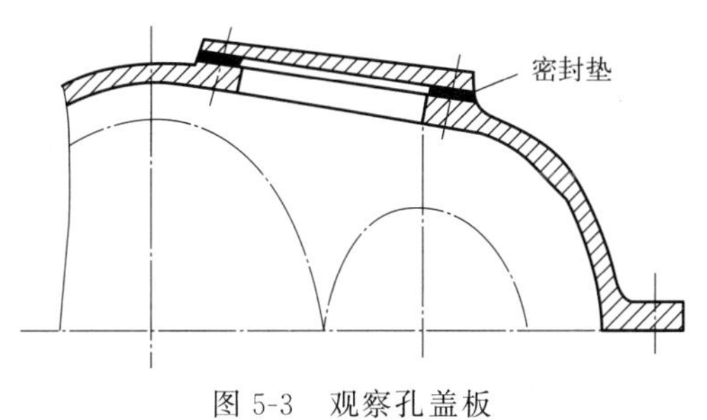

图 5-3　观察孔盖板

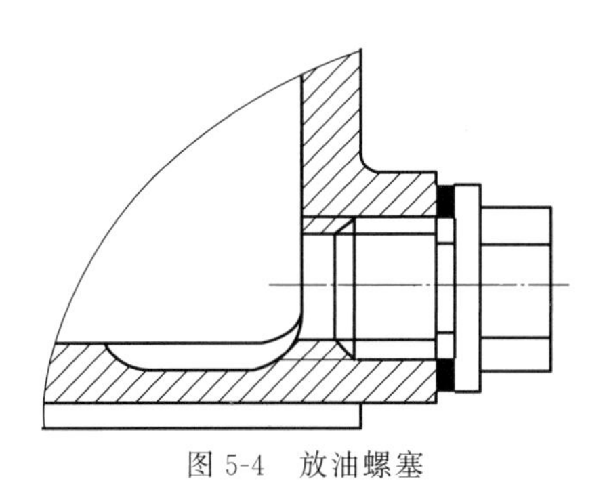

图 5-4　放油螺塞

（6）定位销　如图 5-8 所示，为了保证轴承座孔的装配精度，在机体连接凸缘的长度方向两端各安置一个圆锥定位销，两销相距尽量远些，以提高定位精度。

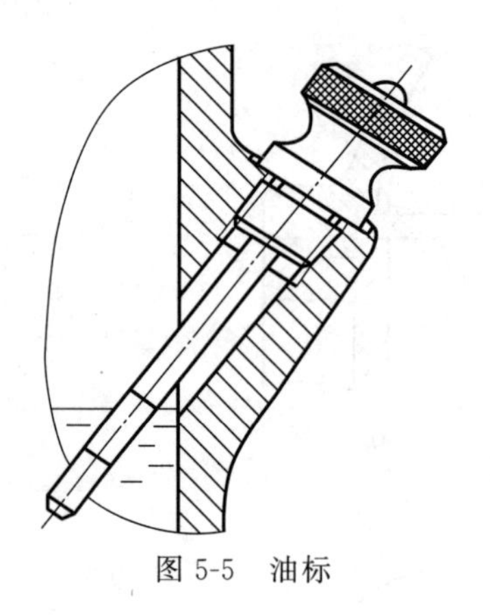

图 5-5　油标

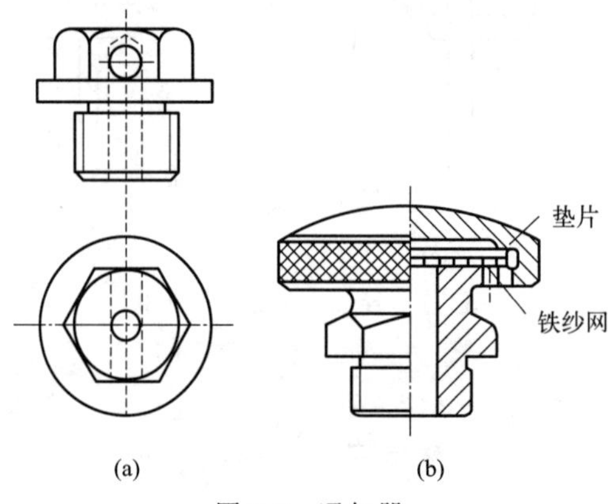

图 5-6　通气器

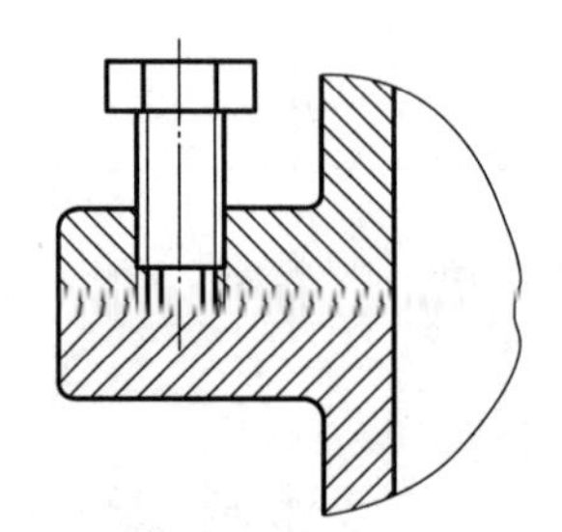

图 5-7　启盖螺钉

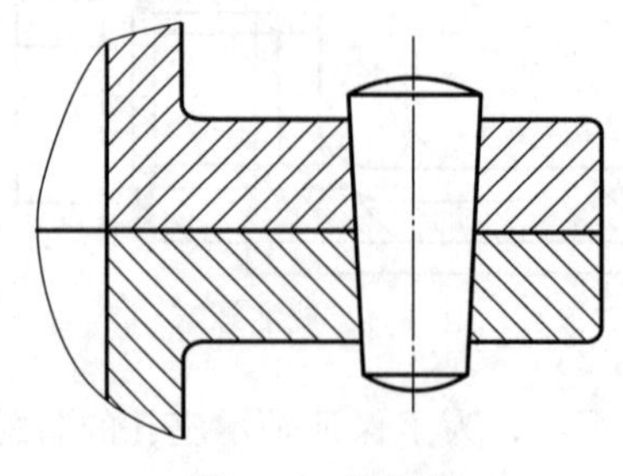

图 5-8　定位销

（7）起吊装置　如图 5-9 所示，用于搬运及拆卸减速器。

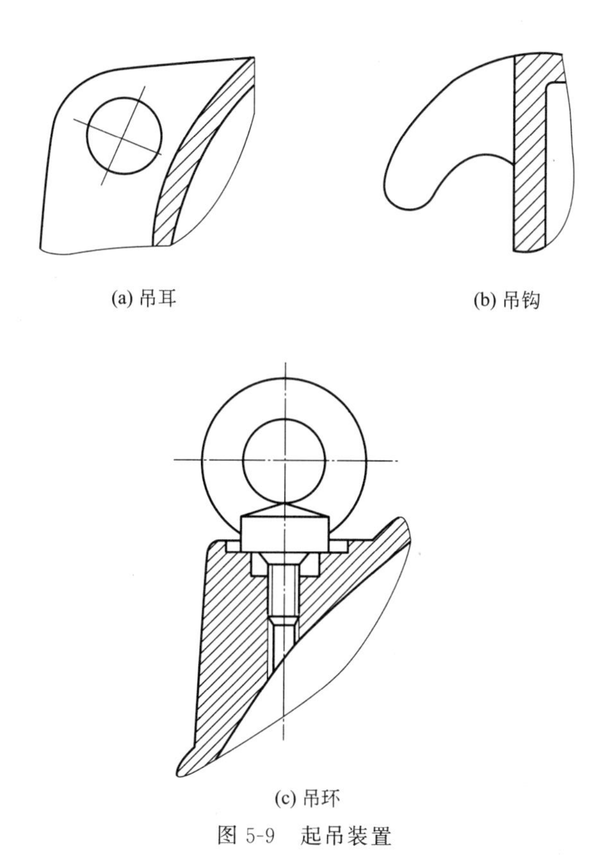

(a) 吊耳　(b) 吊钩

(c) 吊环

图 5-9　起吊装置

5.4　实验步骤

（1）在打开减速器之前，先对减速器外形进行观察：

① 如何保证箱体支承具有足够的刚度？

② 轴承座两侧的上、下箱体连接螺栓应如何布置？

③ 支承该螺栓的凸台高度应如何确定？

④ 如何减轻箱体的重量和减小箱体的加工面积？

⑤ 减速器的附件如吊钩、定位销、启盖螺钉、油标、油塞、观察孔、通气器等各起何作用？其结构如何？应如何合理布置？

（2）按下列顺序打开减速器，取下的零件要注意按次序放好。配套的螺钉、螺母、垫圈应套在一起，以免丢失。在拆装时要注意安全，避免压伤手指。

① 取下轴承盖（指端盖式轴承盖）。

② 取下定位销。

③ 取下箱体上、下各连接螺栓。

④ 用启盖螺钉顶起箱盖。

⑤ 取下上箱盖。

(3) 观察减速器内部结构情况：

① 所用轴承类型、轴和轴承是如何布置的？

② 各传动轴轴向安装与定位方式？

③ 对轴向游隙可调的轴承应如何进行调整？

④ 轴承是如何进行润滑的？

⑤ 若箱座的剖分面上有油沟，则箱盖应采取怎样的相应结构才能使箱盖上的油进入油沟？

⑥ 伸出轴是怎样密封的？轴承是否有内密封？

(4) 从减速器上取出轴，并依次取下轴上的各零件，并按取下次序依次放好。

① 了解轴上各零件的装卸次序。

② 了解轴上各零件的周向固定和轴向固定方式。

③ 了解轴的结构，注意下列各名词各指轴上的哪一部分，各有何功用：轴颈、轴肩、轴肩圆角、轴环、键槽、螺纹、退刀槽、配合面和非配合面。

④ 测量有关实验尺寸，并记录下来。

⑤ 绘制轴零件图及轴上零件的装配图。

(5) 按下列次序装好减速器：

① 把轴上零件依次装回。

② 把轴装回减速器。

③ 盖好箱盖，装上定位销。

④ 装回轴承盖。

⑤ 拧上连接螺栓。

⑥ 用手转动输入轴，观察减速器转动是否灵活，若有故障应加以排除。

⑦ 减速器安装结束经指导教师检查后，方可离开实验室。

(6) 注意事项：

① 在实验过程中，注意安全，防止被零件砸伤、碰伤。

② 爱护实验设备，请勿用扳手等工具敲打零件。

③ 拧紧螺钉、螺母时用力切勿过大，防止螺钉、螺栓、螺母被拧滑丝。

④ 实验结束后，经指导教师检验后，方可离开实验室。

机械设计实验报告

学 期 ____________________

班 级 ____________________

学 号 ____________________

姓 名 ____________________

班级：　　　　　　　　　姓名：　　　　　　　　　学号：

实验报告1　机械零件认识实验

（1）常用螺纹有哪些类型？各有什么用途？

（2）键的作用是什么？键连接的类型有哪些？

(3) 按照工作原理的不同，带传动类型有哪些？V 带传动常见的张紧装置有哪些？

(4) 齿轮传动的类型有哪些？应用于什么场合？

（5）在机械传动中，带、链、齿轮和蜗杆传动的失效形式是什么？

（6）滑动轴承的主要结构形式是什么？常用的轴承材料有哪些？对滑动轴承材料有哪些要求？

（7）试述滚动轴承代号和含义。说明下列轴承代号的含义：6308、7214C/P4、6308/P4、7211C、30213。

（8）在选择联轴器时应考虑哪些因素？对离合器的基本要求有哪些？

(9) 轴上的零件在轴向和周向是如何定位的？轴的结构工艺性是什么？

(10) 弹簧的功用是什么？圆柱螺旋弹簧有哪些几何参数？

班级：　　　　　　　　　　姓名：　　　　　　　　　　学号：

实验报告 2　带传动的滑动与效率测定实验

2.1　实验预习

带的弹性滑动与打滑区别。

2.2 实验结果

(1) 第一次初拉力 F_0=______N 时的实验结果：

序号	实验测定数据				计算数据	
	n_1/(r/min)	n_2/(r/min)	T_1/(N·m)	T_2/(N·m)	ε/%	η/%
空载						
1						
2						
3						
4						
5						
6						
7						

(2) 第二次初拉力 F_0=______N 时的实验结果：

序号	实验测定数据				计算数据	
	n_1/(r/min)	n_2/(r/min)	T_1/(N·m)	T_2/(N·m)	ε/%	η/%
空载						
1						
2						
3						
4						
5						
6						
7						

（3）滑动率和效率曲线。

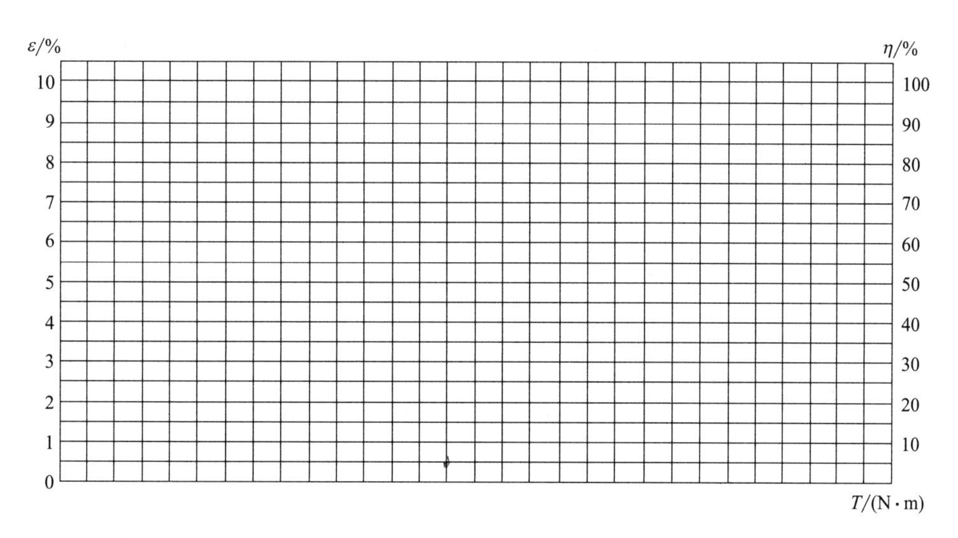

（4）思考题：

① 带传动为什么会发生打滑失效？

② 针对带传动的打滑失效可采用哪些技术措施予以改进?

班级： 姓名： 学号：

实验报告3 液体动压滑动轴承性能实验

3.1 实验预习

（1）滑动轴承油膜承载机理。

（2）形成油膜压力的条件。

3.2 实验结果

(1) 实验数据记录：

<table>
<tr><th>转速
/(r/min)</th><th>载荷
/N</th><th>Q(或QL)
/(N·m)</th><th>f</th><th>λ</th></tr>
<tr><td rowspan="7">300</td><td>0</td><td></td><td></td><td></td></tr>
<tr><td>300</td><td></td><td></td><td></td></tr>
<tr><td>600</td><td></td><td></td><td></td></tr>
<tr><td>900</td><td></td><td></td><td></td></tr>
<tr><td>1200</td><td></td><td></td><td></td></tr>
<tr><td>1500</td><td></td><td></td><td></td></tr>
<tr><td></td><td></td><td></td><td></td></tr>
<tr><td>100</td><td rowspan="5">600</td><td></td><td></td><td></td></tr>
<tr><td>150</td><td></td><td></td><td></td></tr>
<tr><td>200</td><td></td><td></td><td></td></tr>
<tr><td>250</td><td></td><td></td><td></td></tr>
<tr><td>300</td><td></td><td></td><td></td></tr>
</table>

油膜压力　　转速 300r/min　　　载荷 1500N

传感器编号	1	2	3	4	5	6	7
压力/MPa							

(2) 绘制摩擦系数 f 与轴承特性系数 λ 变化曲线。

(①固定转速，改变载荷；②固定载荷，改变转速)

（3）绘制油膜压力分布曲线。

（4）绘制油膜承载能力曲线。

(5) 思考题：

① 动压滑动轴承的油膜压力与哪些因素有关?

② 最小油膜厚度受哪些因素的影响?

③ 润滑油温度变化会对实验结果造成什么样的影响?

班级：　　　　　　　姓名：　　　　　　　学号：

实验报告 4　轴系结构分析与设计实验

4.1　实验预习

轴的机构设计应满足哪些基本要求？

4.2　实验结果

（1）绘制轴系结构装配图，在 3 号图纸上用 1∶1 比例绘制，要求配合关系表达正确，注明必要尺寸（如轴承跨距、主要配合尺寸），并列出标题栏及明细表。

（2）思考题：

① 轴系部件的结构分析（简要说明：轴及轴上零件的定位固定方式及其特点；轴承游隙的调整方法；轴承的配合选择；轴承的润滑与密封方式及其特点；传动件上的载荷是如何传递到支座上的）。

② 轴系结构分析与设计中的体会与方案改进建议。

班级：　　　　　　　　　　姓名：　　　　　　　　　　学号：

实验报告 5　减速器拆装与结构分析实验

5.1　实验预习

（1）减速器主要有哪些类型？

（2）采用直齿圆柱齿轮传动或斜齿圆柱齿轮传动各有什么特点？

5.2 实验结果

（1）减速器名称：

（2）测量数据：

名称		数据
齿轮齿数	z_1	
	z_2	
	z_3	
	z_4	
齿轮宽度	B_1	
	B_2	
	B_3	
	B_4	
计算传动比		
轴承旁连接螺栓直径		
箱盖与箱座连接螺栓直径		
轴承端盖螺钉直径		
观察孔盖板螺钉直径		
箱座壁厚		
箱盖壁厚		
箱座凸缘厚度		
箱盖凸缘厚度		
箱座底凸缘厚度		
中心距	a_1	
	a_2	

续表

名称		数据
轴承端盖外径	d_1	
	d_2	
	d_3	
箱盖体筋厚		
箱座体筋厚		
大齿轮顶圆与箱体内壁距离		
齿轮端面与箱体内壁最小距离		

（3）绘制减速器布置简图。

（4）绘制各轴的零件图及各轴系的装配图。

（5）思考题：

① 箱盖上为什么要设置铭牌？铭牌中有哪些内容？

② 减速器齿轮传动和轴承采用什么润滑方式、润滑装置？

③ 各级传动轴为什么要设计成阶梯轴，不设计成光轴？设计阶梯轴时应考虑什么问题？

参考文献

[1] 任济生．机械设计基础实验教程．济南：山东大学出版社，2005.

[2] 王旭．机械原理实验教程．济南：山东大学出版社，2006.

[3] 孙恒，陈作模，葛文杰，等．机械原理．7版．北京：高等教育出版社，2006.

[4] 齐秀丽，陈修龙．机械原理．2版．北京：中国电力出版社，2014.

[5] 陈修龙．机械设计基础．北京：中国电力出版社，2014.

[6] 宋鹍．机械工程基础实验教程．重庆：重庆大学出版社，2020.